DISEÑO DE SONIDO

Guía para la creación y producción sonora profesional

DISEÑO DE SONIDO

Guía para la creación y producción sonora profesional

Antonio Barba

DEXTRA

EDITORIAL

Consulte la página www.dextraeditorial.com

© Dextra Editorial S. L.
c/ Arroyo de Fontarrón, 271, 28030 Madrid
Teléfono: 91 773 37 10
info@dextraeditorial.com

ISBN: 978-84-10026-39-1
Depósito Legal: M-18188-2025
Impreso en España-*Printed in Spain*

ÍNDICE

Prólogo

El sonido es un lenguaje invisible. Nos atraviesa sin ser visto, pero nos mueve, nos alerta, nos emociona. En el cine, en los videojuegos, en las instalaciones artísticas y en cualquier forma de narrativa multimedia, el diseño de sonido no solo complementa la imagen: la transforma, le da vida, le da cuerpo. Esta guía nace del reconocimiento profundo de esa realidad, y de la necesidad de ofrecer un compendio detallado, práctico y riguroso para todos aquellos que deseen explorar, dominar o perfeccionar el arte y la técnica del diseño sonoro.

El diseño de sonido no es simplemente una disciplina técnica ni un proceso mecánico de captura y edición de audio. Es una práctica creativa que combina sensibilidad artística, pensamiento narrativo, conocimiento físico del sonido y una comprensión profunda de las herramientas tecnológicas disponibles. Un buen diseño sonoro no solo reproduce lo que vemos, sino que lo anticipa, lo intensifica o lo contradice, generando capas adicionales de sentido. Este libro está estructurado para permitirte abordar el diseño sonoro desde cada una de estas dimensiones, sin perder nunca de vista su aplicación práctica.

Durante años, el diseño de sonido ha sido una de las disciplinas menos comprendidas dentro del proceso audiovisual. Mientras que la fotografía, la dirección de arte o la edición de video suelen contar con manuales extensos y escuelas específicas, el trabajo del diseñador sonoro a menudo ha quedado relegado a la intuición, al aprendizaje informal, o a referencias aisladas y desordenadas. Esta guía busca revertir esa tendencia, estructurando el conocimiento en una secuencia lógica que va desde la comprensión del fenómeno sonoro hasta la creación de paisajes acústicos complejos para medios narrativos contemporáneos.

A lo largo de este libro recorrerás todos los elementos fundamentales: desde cómo funciona el sonido y cómo percibimos sus propiedades físicas (frecuencia, amplitud, decibelios) hasta las herramientas de captación, como micrófonos y grabadores, y sus múltiples técnicas de uso. Aprenderás cómo trabajar en diferentes entornos acústicos, cómo elegir y colocar micrófonos, cómo reducir el ruido no deseado y cómo obtener grabaciones limpias y expresivas. También descubrirás los entresijos del Foley, ese arte maravilloso de recrear sonidos con objetos cotidianos, así como las prácticas esenciales de edición, mezcla y masterización dentro de un estudio de postproducción.

Un capítulo especial está dedicado al estudio de los sintetizadores y su papel en el diseño de sonidos que no existen en el mundo natural. A través de la síntesis podrás crear atmósferas, criaturas, armas futuristas o paisajes sonoros abstractos, ampliando tu paleta sonora más allá de los límites físicos. Esta dimensión más experimental del diseño sonoro será clave si trabajas en ciencia ficción, videojuegos o animación.

Pero este libro no se limita a la teoría o a la tecnología. Uno de sus ejes centrales es la práctica. Por eso, en los últimos capítulos encontrarás un amplio desarrollo de escenas concretas y situaciones reales de grabación y diseño: sonidos de muchedumbre, ambientes urbanos y rurales, efectos para terror, para animación, explosiones, fuego, choques físicos, animales reales y fantásticos. Todos estos apartados están pensados para darte ejemplos vivos, útiles y replicables, que puedas adaptar a tus propias producciones.

Asimismo, el texto incluye consejos sobre cómo construir tu propio estudio casero de Foley, cómo elegir los monitores adecuados según tu presupuesto, cómo organizar tu estación de trabajo digital, y cómo mejorar tu escucha crítica para tomar mejores decisiones creativas. También encontrarás advertencias éticas y legales, como la importancia de cuidar los derechos de autor y proteger tu propio trabajo, algo vital en el entorno profesional contemporáneo.

Finalmente, el libro culmina con el análisis del diseño sonoro en escenas famosas del cine y los videojuegos. Esta sección tiene un doble propósito: por un lado, te permitirá ver cómo los principios aprendidos a lo largo del libro se aplican en obras maestras reconocidas; por otro, te dará inspiración para imaginar tus propios proyectos con una perspectiva más amplia y madura.

Este libro está dirigido tanto a estudiantes como a profesionales. Si estás comenzando, encontrarás aquí una guía ordenada y clara para entender los fundamentos y comenzar a practicar con confianza. Si ya tienes experiencia, cada sección puede servirte como una fuente de referencia, inspiración o verificación de tu flujo de trabajo. También es útil para directores, productores y editores de video que deseen comprender mejor el papel del sonido en la narrativa audiovisual y trabajar de manera más efectiva con diseñadores sonoros.

Hacer sonido no es solo grabar, editar y mezclar. Es imaginar lo que no se ve. Es esculpir el tiempo con vibraciones. Es construir mundos con frecuencias. Mi esperanza es que este libro no solo te enseñe a hacer mejores grabaciones o a usar bien tus plugin, sino que también te despierte una nueva forma de escuchar, de percibir, de narrar.

Bienvenido al mundo del diseño sonoro. Aquí empieza tu viaje.

INTRODUCCIÓN AL DISEÑO DE SONIDO

El diseño de sonido es una disciplina creativa y técnica que se ocupa de la creación y manipulación de los elementos sonoros en diversos medios, como películas, programas de televisión, videojuegos, producciones teatrales, instalaciones artísticas... Su objetivo principal es construir y dar forma a la experiencia auditiva de una obra, añadiendo capas de sonido que enriquecen la narrativa, generan emociones y sumergen al público en un mundo sonoro único.

El diseño de sonido es un proceso multidisciplinario que implica el trabajo conjunto de diseñadores de sonido, ingenieros de sonido, compositores, directores, productores y otros profesionales del ámbito audiovisual. Estos colaboradores se encargan de crear y seleccionar sonidos, grabar y editar efectos de sonido, diseñar paisajes sonoros, componer música original y mezclar todos los elementos sonoros para lograr una experiencia cohesiva y coherente.

Un diseñador de sonido comienza su trabajo analizando el guion, el storyboard o cualquier otro material disponible de la obra. Esto le permite comprender la historia, los personajes, los ambientes y las emociones involucradas en la narrativa. A partir de ahí, puedes comenzar a idear y crear los elementos sonoros necesarios para respaldar y realzar la historia.

Un aspecto fundamental del diseño de sonido es la **creación y selección de efectos de sonido**. Los efectos de sonido son sonidos grabados, generados o procesados que se utilizan para representar acciones, objetos y eventos en la historia. Por ejemplo, un diseñador de sonido podría grabar el sonido de una puerta cerrándose, diseñar el sonido de una explosión o utilizar un sintetizador para generar el sonido de un extraterrestre. Los efectos de sonido se seleccionan y se mezclan cuidadosamente para lograr un equilibrio adecuado entre realismo, estilización y función narrativa.

Además de los efectos de sonido, el diseño de sonido también implica la creación de **paisajes sonoros**. Los paisajes sonoros son capas de sonido que recrean los ambientes y las atmósferas de los escenarios en la obra. Por ejemplo, en una película ambientada en una ciudad, el diseñador de sonido podría agregar sonidos de tráfico, multitudes, sirenas, pájaros y otros elementos que componen la experiencia sonora de una ciudad. Estos paisajes sonoros contribuyen a la inmersión del público en la historia y en la creación de un sentido de lugar.

La música también desempeña un papel importante en el diseño de sonido. Los diseñadores de sonido pueden colaborar con compositores para crear música original que se integre de manera efectiva con los otros elementos sonoros.

La música puede establecer el estado de ánimo, resaltar momentos clave, acentuar la emoción y proporcionar un hilo conductor a lo largo de la obra. Ya sea una partitura orquestal completa, música electrónica contemporánea o una mezcla de géneros, la música contribuye significativamente a la experiencia auditiva.

CÓMO FUNCIONA
EL SONIDO

En diseño de sonido, entender cómo funciona el sonido es fundamental para manipularlo con intención y precisión. El sonido, en su forma más básica, es una vibración que se transmite a través de un medio –como el aire, el agua o un sólido– en forma de ondas mecánicas. Estas vibraciones son la materia prima con la que trabaja el diseñador sonoro.

1.1. Ondas sonoras

Las ondas sonoras son el vehículo a través del cual se mueve la energía del sonido. Se originan cuando una fuente provoca un movimiento que altera la presión del medio. En el contexto del diseño sonoro, esto podría ser desde la grabación del crujido de una puerta vieja para una película de terror, hasta la creación digital de un rugido de una criatura inexistente.

Por ejemplo, al golpear una lámina metálica suspendida para captar un efecto resonante tipo "clang", se generan zonas de **compresión**, donde las partículas del aire están más juntas y la presión aumenta, seguidas por zonas de **rarefacción**, donde esas partículas se dispersan. Ese patrón de compresión y expansión viaja por el aire hasta llegar al micrófono (y más adelante, al oído del oyente).

En diseño sonoro, comprender que estas ondas se comportan como **ondas longitudinales** (donde las partículas vibran en la misma dirección en que se propaga la onda) permite predecir cómo se comportará el sonido en un espacio. Por eso se elige cuidadosamente la ubicación del micrófono al grabar sonidos ambientales o efectos foley, como pasos sobre grava o el roce de tela (ve verá más adelante en esta guía).

Por otro lado, el sonido necesita un medio para propagarse. Por eso, los diseñadores de sonido que trabajan con entornos como el espacio exterior deben crear paisajes sonoros desde cero, inspirándose en la vibración de objetos, sintetizadores o técnicas creativas como la modulación granular, ya que **en el vacío no hay sonido real** que grabar. Lo que escuchamos en esas escenas es arte sonoro, no física.

1.1.1. Suma de ondas y fase (en diseño sonoro)

En diseño de sonido, la suma de ondas y su relación con la fase puede afectar directamente la calidad, claridad e impacto emocional de un proyecto sonoro. Este fenómeno ocurre cuando combinamos dos o más ondas (por ejemplo, varias pistas de sonido en una mezcla o múltiples grabaciones de un mismo efecto) y sus fases interactúan.

La **fase** se refiere a la posición relativa de una onda dentro de su ciclo. Cuando dos ondas tienen la misma frecuencia y están en fase (es decir, sus picos y valles coinciden en el tiempo), se produce lo que se conoce como **interferencia constructiva**: las amplitudes se suman y el sonido resultante se vuelve más potente, hasta +6 dB_{SPL} adicionales (ver ilustración 1). Esto puede ser útil si quieres reforzar un sonido dramático, como el impacto de una puerta cerrándose en una escena de suspense.

Sin embargo, cuando las ondas están fuera de fase, el resultado puede ser impredecible. Si están parcialmente desfasadas, el sonido resultante puede perder fuerza o volverse turbio, lo que puede comprometer la nitidez de un efecto, como en un golpe o un paso que de pronto suena "vacío". Y si las ondas están completamente desfasadas (180 grados), se produce una **interferencia destructiva**, donde las ondas se cancelan mutuamente. En ese caso, el sonido puede desaparecer casi por completo (ver ilustración 1.1).

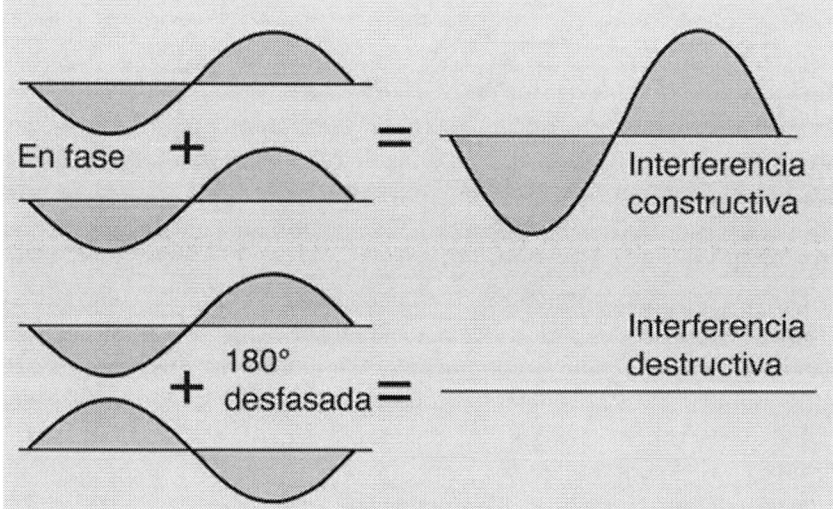

Ilustración 1.1. Suma de ondas. Imagen tomada de: https://edbar01.wordpress.com/about/ ondas-mecanicas/el-sonido/propiedades-del-sonido/

1.1.2. Aplicación práctica en diseño sonoro

Un ejemplo clásico ocurre al grabar un sonido con dos micrófonos: supongamos que estás grabando el sonido de un automóvil pasando, con un micro cerca del motor y otro en ambiente. Si estos micrófonos no están bien alineados en fase, el sonido final puede perder el cuerpo del motor o sonar más delgado de lo esperado. Esto es especialmente común en grabaciones de Foley, como pasos o movimientos, donde se mezclan múltiples capas para crear un sonido realista.

Además, cuando se superponen efectos de sonido o capas de sintetizadores que ocupan frecuencias similares, también pueden surgir problemas de fase. Si al diseñar el rugido de una criatura combinas varias texturas y no controlas la alineación de fase, podrías terminar con un rugido débil o inconsistente.

Por eso, en la etapa de **mezcla**, es fundamental revisar las fases usando herramientas como inversores de polaridad, analizadores de espectro o simplemente el oído entrenado. Y si se graban pistas por separado (como cada micro en una pista distinta), es posible corregir la fase manualmente desplazando una pista en el tiempo o utilizando un plugin de alineación de fase.

El entendimiento y control de la suma de ondas en diseño sonoro no solo evita errores técnicos: también permite **manipular el sonido de forma creativa**, logrando texturas únicas, refuerzos sutiles o cancelaciones intencionadas para estilizar un ambiente o personaje.

1.2. Velocidad del sonido

En diseño sonoro, la **velocidad del sonido** es una variable que puede tener un gran impacto, especialmente cuando se busca realismo o coherencia espacial en una escena. El sonido viaja a través del aire a una velocidad aproximada de **340 metros por segundo** (m/s), aunque esta velocidad varía según la **temperatura, la presión atmosférica y el medio** por el que se propaga.

Este principio es útil cuando diseñamos ambientes o sincronizamos efectos. Por ejemplo, si estás creando el paisaje sonoro de una explosión lejana, el **retardo natural** del sonido respecto al destello visual puede ayudar a transmitir la distancia real. Esto se nota en fuegos artificiales: los ves primero, y luego escuchas el estallido. En diseño de sonido, simular ese **delay natural** puede aportar credibilidad y profundidad a una escena.

Además, el sonido se propaga **mucho más rápido en otros medios**: en el agua viaja unas 4 veces más rápido que en el aire, y en el acero hasta 25 veces más. Esto es relevante cuando diseñamos sonido **bajo el agua**, como en una escena submarina, donde los sonidos deben sonar más envolventes, comprimidos y transmitidos con mayor rapidez. También puede aplicarse a escenas en fábricas, trenes o estructuras metálicas, donde los sonidos se desplazan más rápidamente a través de materiales sólidos.

1.3. Frecuencia

La **frecuencia** es uno de los pilares del diseño de sonido. Se refiere al número de ciclos completos de una onda por segundo (una compresión y una rarefacción), y se mide en Hertz (Hz). Una onda de 100 Hz vibra 100 veces por segundo.

El rango audible humano va aproximadamente de 20 Hz a 20.000 Hz (20 kHz), y dentro de ese rango, los diseñadores de sonido trabajan con diferentes zonas de frecuencia para construir atmósferas, efectos, y sensaciones físicas y emocionales. Se pueden clasificar como:

- **Subgraves (20-60 Hz):** Se sienten más que se escuchan. Usados para crear impacto físico. Muy presentes en explosiones, terremotos o ambientes opresivos. Es el terreno del subwoofer en una mezcla de cine.
- **Graves (60-250 Hz):** Transmiten cuerpo, profundidad y potencia. Útiles para el motor de un camión, un golpe seco o un monstruo gigante caminando.
- **Medios bajos (250-1000 Hz):** Añaden peso y definición. Se usan en voces humanas para dar presencia sin sonar agresivas.
- **Medios altos (1 kHz-4 kHz):** Son frecuencias donde el oído es más sensible. Es donde vive gran parte de la inteligibilidad del habla, pero también donde los sonidos pueden volverse estridentes.
- **Agudos (4 kHz-20 kHz):** Añaden brillo, detalle, aire. Usados para chisporroteos, metal, insectos, ambientes brillantes como una sala luminosa o nieve crujiente.

Nota: Estos rangos son aproximados y pueden variar según la fuente o el propósito artístico.

1.3.1. Percepción y sensibilidad del oído

El oído humano no percibe todas las frecuencias por igual. A igual volumen, los sonidos agudos tienden a parecer más fuertes que los graves. Por eso en mezcla es común aplicar ecualización para equilibrar lo que técnicamente suena bien con lo que **emocionalmente se percibe bien**.

Además, las frecuencias más bajas tienden a **atravesar objetos y estructuras**, lo que explica por qué puedes sentir los graves de un subwoofer en una habitación contigua, pero no distinguir claramente una conversación. En diseño de sonido, esto se usa intencionalmente: si diseñas una escena desde fuera de una habitación, puedes dejar pasar solo las frecuencias graves de la música o la pelea en el interior, para generar una atmósfera más envolvente y realista.

Las **frecuencias altas**, por su parte, son más direccionales y se atenúan rápidamente con la distancia o los obstáculos. Esta característica se aprovecha en el diseño espacial: si un personaje se aleja, puedes atenuar los agudos gradualmente para reforzar esa sensación de distancia.

1.4. Amplitud

En diseño sonoro, la **amplitud** de una onda sonora se traduce directamente en cómo **percibimos el volumen** de un sonido. Técnicamente, se refiere a la cantidad de energía contenida en una onda: una mayor amplitud significa mayor energía y, por tanto, un sonido más **intenso** o **fuerte**. Una onda con menor amplitud tendrá menos energía y se percibirá como un sonido **más suave o lejano**.

Visualmente, en una forma de onda, la amplitud se representa por la altura de los picos y valles. En la práctica, esto es lo que ajustas constantemente al editar efectos: cuando elevas el nivel de un golpe seco para que suene más contundente o reduces el volumen de un ambiente para dejar espacio a un diálogo.

Por ejemplo, si estás diseñando el sonido de una pelea, probablemente tendrás **efectos con amplitudes contrastantes**: los puñetazos más cercanos suenan con mucha más amplitud que los impactos lejanos, ayudando a reforzar la perspectiva espacial. Este tipo de decisiones son clave para crear una mezcla que suene **natural, expresiva o estilizada**, según lo que demande la escena.

La amplitud se mide en una unidad especial: los **decibelios (dB)**.

1.5. Decibelios

El **decibelio (dB)** es la unidad con la que medimos la intensidad del sonido, pero tiene un funcionamiento **logarítmico**, no lineal. Esto significa que no basta con sumar 10 para que el sonido sea el doble de fuerte. Por ejemplo:

- Un aumento de **+3 dB** equivale al **doble de potencia eléctrica**.
- Un aumento de **+6 dB** se traduce en aproximadamente **el doble de volumen percibido**.
- Por lo tanto, una reducción de **–6 dB** hará que un sonido se escuche a la **mitad**.

Esto es esencial al diseñar capas de sonido. Supón que estás trabajando una escena con **varios elementos simultáneos** (pasos, lluvia, respiración, una alarma). Si cada sonido compite por atención con el mismo volumen, el resultado puede volverse caótico. Saber cómo usar los decibelios te permite **jerarquizar la mezcla**, dando protagonismo a ciertos sonidos sin eliminar los demás.

En postproducción, los diseñadores también trabajan con **niveles de referencia**, como:

- **0 dBFS (decibelios Full Scale)**: el punto máximo que puede alcanzar una señal digital antes de distorsionar. Es el límite absoluto en sistemas digitales.

- **−12 dBFS a −6 dBFS**: rango común para picos en diálogos o efectos principales.
- **−20 dBFS o menos**: se usan para elementos de fondo o ambientes, permitiendo una mezcla con más **dinámica**.

El buen uso de la amplitud y los decibelios no solo evita distorsión o desequilibrios: también permite **jugar con las emociones** del espectador. Un sonido tenue en medio del silencio puede ser tan impactante como una explosión, si se posiciona bien en la narrativa sonora.

En ambientes cinematográficos o instalaciones multicanal, se utilizan además escalas como **dB SPL (Sound Pressure Level)**, que miden presión sonora en el aire y se usan para calibrar sistemas físicos (como altavoces de cine o teatro), asegurando que los sonidos tengan la **intensidad física** esperada (por ejemplo, para que una explosión sacuda literalmente al espectador).

1.6. Nivel de presión sonora

Como decía, el **nivel de presión sonora (SPL**, por sus siglas en inglés) mide la intensidad física del sonido en el aire, y se expresa en **decibelios SPL (dB$_{SPL}$)**. Es un dato clave cuando trabajamos con micrófonos, grabaciones de campo, efectos extremos o ambientes ruidosos.

Cada micrófono tiene un valor máximo de SPL que puede tolerar antes de **distorsionar la señal**, lo cual es esencial tener en cuenta si grabas sonidos intensos, como motores, explosiones o disparos. Por ejemplo, un micrófono con un SPL máximo de 130 dB$_{SPL}$ podría capturar un golpe de batería fuerte sin distorsión, pero fallaría ante el estruendo de un cañón (ver ilustración 1.2).

Otra cosa, ten en cuenta que la distancia a la fuente afectará al SPL.

140 dB	Umbral del dolor
130 dB	Avión en despegue
120 dB	Pirotecnia
110 dB	Concierto. Acto cívico
100 dB	Perforadora eléctrica
90 dB	Tráfico
80 dB	Tren
70 dB	Aspiradora
de 50 a 60 dB	Aglomeración de gente
40 dB	Conversación
20 dB	Biblioteca
10 dB	Respiración tranquila
0 dB	Umbral de audición

Ilustración 1.2. *Niveles de presión sonora. Imagen tomada de: https://www.htcmania.com*

¡Cuidado con la exposición prolongada!: grabar en entornos ruidosos no solo pone en riesgo tu equipo, sino también tu salud auditiva. En diseño de sonido profesional, la audición es tu herramienta más importante. Nunca monitorees grabaciones de alto nivel con auriculares directamente; usa medidores visuales y monitoreo a distancia cuando trabajes con explosiones, maquinaria o pirotecnia. Usa protección auditiva activa (como protectores con filtros) si estás grabando en el campo. Recuerda: tu oído no tiene "plugin de restauración".

1.7. Acústica

En diseño sonoro, la acústica se refiere a cómo el entorno afecta la forma en que el sonido se comporta, se refleja, se absorbe y se dispersa. No se trata solo de teoría física: es una **herramienta narrativa.**

Por ejemplo, al grabar o simular un ambiente, no suena igual un disparo en una habitación pequeña alfombrada que en una estación de tren vacía. La diferencia está en la respuesta acústica del espacio: reverberación, eco, absorción, difusión (no te preocupes, lo veremos con calma más adelante).

En diseño de sonido, usamos la acústica de tres formas principales:

1. **Capturar la acústica real de un lugar:** usando grabaciones de campo para crear ambientes auténticos.
2. **Manipular acústicamente un espacio en postproducción:** por medio de reverb, delay y convolución para simular entornos.
3. **Evitar que la acústica del lugar contamine la grabación original:** por eso los estudios profesionales están tratados para ser acústicamente neutros, es decir, no afectan la señal con reflexiones indeseadas.

Para que lo veas más claro, mira estos ejemplos:

- **Un susurro en una cueva**: puede necesitar una reverberación larga para transmitir espacialidad y misterio.
- **Una persecución en un estacionamiento cerrado**: exige reflejos cortos y múltiples para sonar auténtico.
- **Una conversación íntima en un apartamento**: requiere absorción, para mantener el foco en las voces sin distracciones.

Incluso puedes exagerar la acústica para efectos estilísticos. El sonido de pasos puede retumbar más en una escena de suspenso, aunque en la realidad no lo haría, solo para generar tensión.

1.8. Psicoacústica básica

La **psicoacústica** estudia cómo el oído humano percibe y procesa el sonido, y es clave para comprender fenómenos acústicos que no dependen exclusivamente de las propiedades físicas del sonido, sino también de la interpretación subjetiva que hace el cerebro. Uno de los conceptos fundamentales es el efecto Haas (o efecto de precedencia), según el cual, cuando dos sonidos idénticos llegan al oído con una ligera diferencia temporal (menor a 35 ms), el cerebro percibe una sola fuente sonora, atribuyendo la localización a la primera señal. Este principio es fundamental en la sonorización envolvente y en la creación de espacios acústicos realistas.

Otro fenómeno importante es el **enmascaramiento**, que ocurre cuando un sonido impide la percepción de otro de menor intensidad que ocurre simultáneamente o muy cerca en el tiempo y en frecuencia. Este principio se aprovecha en compresión de audio (como en los algoritmos MP3), pero también se debe tener en cuenta en mezclas para evitar que ciertos elementos se oculten entre sí.

La **localización** sonora es otro aspecto esencial, y se basa en pistas que nuestro cerebro interpreta a partir de diferencias de tiempo (ITD, Interaural Time Difference) y de nivel (ILD, Interaural Level Difference) entre lo que percibe cada oído, así como en los cambios espectrales causados por el pabellón auricular. Estos mecanismos permiten identificar con precisión la dirección y la distancia relativa de una fuente sonora en el espacio.

2

MICRÓFONOS EN EL DISEÑO DE SONIDO

En diseño de sonido, los micrófonos son mucho más que simples herramientas para capturar audio. Son los primeros eslabones de la cadena sonora y determinan cómo se traducirá una realidad acústica al mundo digital. Un micrófono es un transductor electroacústico, es decir, convierte la energía acústica (ondas sonoras) en energía eléctrica (señal de audio). Pero lo importante para nosotros no es la definición técnica, sino cómo esa conversión afecta nuestra captura sonora.

2.1. Características de los micrófonos

Los dos tipos más comunes en diseño sonoro son los **dinámicos** y los de **condensador**. Los dinámicos son robustos, resistentes y fiables. Son ideales para grabar sonidos percutivos, fuertes o impredecibles, como golpes, impactos, motores o efectos de Foley con mucha presión sonora. Al tener un diafragma más rígido, no captan bien las frecuencias más altas ni los detalles más sutiles, pero eso puede ser útil si buscas un sonido más sólido, comprimido o crudo. Además, no necesitan alimentación externa. Por ejemplo: para grabar una caja fuerte cayendo al suelo, un micrófono dinámico podría captar muy bien la fuerza del impacto sin saturar.

En cuanto a los de condensador, son sensibles, precisos y detallados. Esto los hace perfectos para sonidos sutiles, ricos en textura o ambientales, como crujidos de madera, grabaciones de campo, lluvia ligera, susurros, o texturas delicadas para diseño abstracto. Captan un rango más amplio de frecuencias, por lo que son ideales cuando quieres transparencia y fidelidad. Pero necesitan alimentación *phantom* (48V, usualmente), proporcionada por una interfaz, grabadora o mezcladora. Por ejemplo: si estás grabando el zumbido tenue de una instalación eléctrica para una escena de ciencia ficción, un condensador es la mejor elección.

2.1.1. Respuesta de frecuencia

La **respuesta de frecuencia** indica el rango de frecuencias que un micrófono puede captar. No solo importa el rango (por ejemplo, 20 Hz a 20 kHz), sino **cómo responde el micrófono en ese rango**: ¿realza ciertos graves? ¿suaviza los agudos? ¿Es neutro? Así, las respuestas pueden ser:

- **Respuesta plana:** Ideal para capturas versátiles y fieles, donde se busca grabar con neutralidad para luego procesar el sonido. Muy usada en grabaciones de efectos que se van a manipular o diseñar en postproducción.

- **Respuesta coloreada:** Algunos micrófonos enfatizan o reducen ciertas bandas de frecuencia para **resaltar la voz, suavizar ruidos, o compensar situaciones físicas** (como micrófonos lavalier bajo la ropa que pierden agudos, por lo que vienen "ecualizados" de fábrica).

Por ejemplo: si grabas un susurro con un micrófono que realza frecuencias altas, puede sonar más nítido sin necesidad de ecualizar en post. Pero si grabas un golpe fuerte con ese mismo micrófono, puede sonar demasiado brillante o agresivo.

Lo habitual es que, si vas a grabar un banco de sonidos para diseño posterior, busques una **respuesta plana**. Así tendrás **más libertad creativa en la edición**. Siempre puedes ecualizar después, pero no puedes recuperar frecuencias que no fueron captadas.

2.1.2. Patrones polares (o de captación)

Un patrón polar describe cómo un micrófono "escucha" el sonido desde diferentes direcciones. Es como un mapa de sensibilidad alrededor de la cápsula, que nos dice desde qué ángulos el micrófono capta el audio con más claridad y desde cuáles lo rechaza.

Elegir el patrón adecuado no solo afecta la calidad técnica de la grabación, sino también **la sensación espacial y el aislamiento del sonido**, algo fundamental para capturar el sonido limpio en diseño sonoro.

El patrón **omnidireccional** capta el sonido desde **todas las direcciones por igual**. Es ideal cuando no importa la posición de la fuente, o si queremos capturar el ambiente completo de un lugar. Además, tiene **muy baja coloración** por posición, lo cual es excelente para sonidos naturales o envolventes (ver ilustración 2.1). Úsalo para grabar ambientes exteriores, salas grandes o cuando quieras una atmósfera sonora abierta y realista.

El patrón **cardioide** capta principalmente desde **el frente**, rechaza parcialmente los sonidos de los lados y casi completamente los de atrás (ver ilustración 2.1). Ofrece **una buena mezcla de aislamiento y naturalidad**. Es uno de los patrones más comunes por su **versatilidad**. Es perfecto para grabar un sonido específico en un entorno ruidoso, como un Foley de pasos sin capturar demasiado el rebote de la sala.

El patrón **hipercardioide** es más direccional que el cardioide. Capta el sonido con **más enfoque al frente**, pero con una **pequeña zona de sensibilidad detrás** del micrófono (ver ilustración 2.1). Requiere un posicionamiento más preciso. Este patrón es ideal para grabar efectos donde se necesita un aislamiento extremo, como el clic de un botón mecánico en un set con ventiladores funcionando cerca.

El patrón **supercardioide** es aún más direccional que el hipercardioide. Tiene un excelente rechazo a los sonidos laterales y **una zona más pequeña de captación trasera**. Se usa mucho en grabaciones donde el entorno es difícil de controlar (ver ilustración 2.1). Es ideal para para grabar efectos de armas, impactos o máquinas específicas sin capturar ecos o ruidos colindantes.

El patrón **bidireccional** (o figura en ocho) capta el sonido por delante y detrás, pero **rechaza completamente los lados**. Es muy útil para grabaciones estéreo (como M/S) o para **grabar dos fuentes enfrentadas**. También es útil en grabación creativa, como capturar una conversación entre dos actores, o grabar una fuente y su reflejo/reverberación natural al mismo tiempo.

Consejo: Cuando salgas a grabar sonidos para tu biblioteca personal, elige el patrón según el entorno. Es decir:

- Si estás en un lugar silencioso y quieres capturar **texturas ambientales**, el omnidireccional será más realista.
- Si estás en una ciudad o entorno ruidoso, usa un supercardioide para **aislar fuentes concretas**.
- Para grabar algo como una tormenta dentro de una caverna y aprovechar los rebotes, podrías usar figura en ocho para captar la reverberación natural junto a la fuente principal.

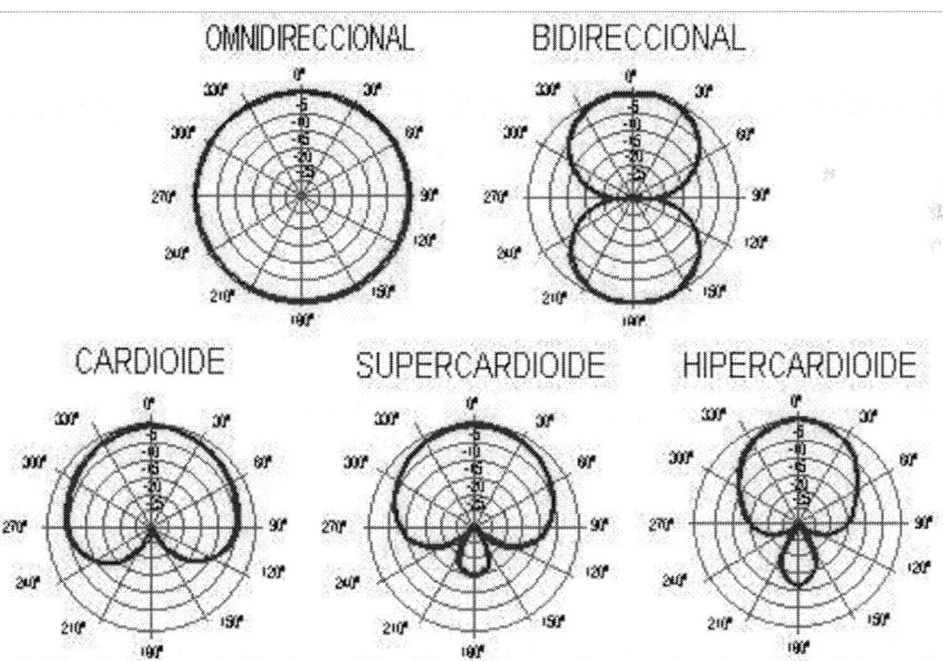

Ilustración 2.1. *Patrones polares. Imagen tomada de: https://www.centroauditivo-valencia.es*

2.2. Técnicas de captación del sonido

La selección de micrófonos es tan importante como su colocación. Hoy en día existen cientos de micrófonos, cada uno con su propio sonido y carácter únicos. Algunos micrófonos son mejores para sonidos percutivos, mientras que otros son más adecuados para ambientes y sonidos suaves. Hay micrófonos ideales para trabajos vocales e incluso algunos diseñados para ser usados bajo el agua.

2.2.1. Técnicas de grabación

Los micrófonos mono se utilizan con las siguientes técnicas:

– Técnica de **par espaciado**: Coloca dos micrófonos separados entre sí. La imagen estéreo se obtiene de la diferencia de tiempo y amplitud entre los dos micrófonos. El inconveniente de esta técnica es que puede causar problemas de fase.
– Técnica de **grabación ORTF**: Se trata de dos cardioides a 110º y separados 17 cm. Simula la escucha humana, con buena amplitud estéreo y compatibilidad mono. Es ideal para grabaciones en vivo y ensambles.
– Técnica de **grabación NOS**: Dos cardioides a 90º y separados 30 cm. La imagen estéreo es más amplia que con ORTF, pero con menor precisión direccional.

Los micrófonos estéreo se utilizan con las siguientes técnicas:

– Técnica de **grabación XY**: Coloca dos cápsulas enfrentadas en un ángulo de entre 90° (campo estéreo estrecho) y 135° (campo estéreo amplio). Esta es la técnica de grabación estéreo más utilizada. Algunos micrófonos están fabricados como unidades de un solo punto que albergan ambas cápsulas en el mismo cuerpo de micrófono. Esto permite no tener que realizar la tarea de configuración y cableado. Esta técnica ofrece la mejor defensa contra problemas de fase durante las grabaciones estéreo.
– Técnica de **grabación MS**: Es más avanzada y complicada. Este método utiliza una pequeña cápsula cardioide orientada directamente hacia la fuente de sonido para proporcionar el canal M (medio). Además, hay una cápsula con patrón en figura de ocho colocada perpendicular a la cápsula media para proporcionar el canal S (lateral). Se utiliza un decodificador de matriz para producir una imagen estéreo a partir de los dos canales (M+S). Con esta técnica, la imagen estéreo puede ajustarse para sonar más cercana o distante al ajustar los canales medio (fuente directa) y lateral (fuente ambiental).

Nota: Los micrófonos estéreo de un solo punto requieren un cable XLR especial de 5 pines para acomodar la señal producida por la cápsula adicional.

2.3. Tipos de micrófonos

En el mundo del diseño sonoro, el micrófono es una herramienta especializada que permite capturar el sonido con diferentes grados de fidelidad, direccionalidad y textura. Vamos a ver algunos de los tipos más utilizados según el tipo de fuente sonora o situación de grabación.

2.3.1. Micrófonos de cañón (shotgun)

Los micrófonos de cañón están diseñados para captar los sonidos que están frente al micrófono y obviar los sonidos a los lados y detrás del mismo. El efecto es similar a mirar a través de un tubo: la única "imagen" que se ve está directamente enfrente. La mayoría de los diálogos en un set de filmación o televisión se capturan con micrófonos de cañón. Este micrófono tiene el efecto de acercar el sonido, como si fuese un "*zoom*" con imágenes. Los hay tanto monos como estéreo.

Los estéreos también tienen una gran direccionalidad, lo que resulta en una imagen estéreo enfocada. Estos micrófonos generalmente combinan una cápsula supercardioide con una cápsula en figura de ocho para crear una grabación MS. Los micrófonos estéreo pueden usarse generalmente como cañones mono utilizando solo la salida del canal supercardioide.

2.3.2. Micrófonos Lavalier

Los micrófonos Lavalier se utilizan típicamente en la producción cinematográfica y televisiva como alternativa o respaldo a un micrófono de cañón. Pueden estar expuestos u ocultos y generalmente se utilizan con un sistema inalámbrico, aunque también pueden estar cableados directamente a una mezcladora.

2.3.3. Hidrófonos (micrófonos subacuáticos)

Los hidrófonos son micrófonos diseñados para captar sonidos bajo el agua. Estos micrófonos son considerablemente costosos. Su diseño le permite grabar sonidos cuando está colocado bajo el agua u otros líquidos. El cuerpo del micrófono y el cable están sellados para evitar que los líquidos dañen la electrónica interior.

2.3.4. Micrófonos binaurales

Los micrófonos binaurales reproducen cómo la cabeza humana realmente percibe el sonido: se colocan dentro de los agujeros de los oídos de una cabeza artificial. Las grabaciones producidas son más para fines industriales, musicales y de novedad, pero con un poco de innovación, estos micrófonos podrían utilizarse para producir efectos de sonido nuevos y creativos.

2.3.5. Micrófonos surround

Los micrófonos de sonido surround 5.1 tienen seis cápsulas dispuestas en una única unidad de carcasa. Debido a que esencialmente son seis micrófonos, necesitarás un grabador de campo multicanal o varios grabadores de campo de dos canales para grabar el sonido.

Usado para la recolección de efectos de sonido, grabación musical y eventos de radiodifusión, este micrófono proporciona una imagen de sonido surround real.

2.4. Accesorios para micrófonos

La calidad de la grabación que produce un micrófono depende en gran medida del equipo que se utiliza para aislar el micrófono de su entorno. Los micrófonos son vulnerables al ruido del viento, vibraciones y niveles altos de presión sonora. Se debe usar equipo de protección para reducir estos efectos adversos. Siempre se debe usar un micrófono con un soporte antivibración y nunca grabar al aire libre sin un zepelín y una cubierta para el viento.

2.4.1. Soportes antivibración

Los micrófonos están sujetos al ruido de manejo, que ocurre cuando las vibraciones se transmiten al micrófono por contacto directo con la mano o a través de un soporte. Para reducir este ruido, se debe colocar el micrófono en un soporte antivibración, que absorbe las vibraciones aislando el micrófono del soporte mediante bandas de goma (ver ilustración 2.2). Los soportes antivibración portátiles, llamados empuñaduras, ofrecen la máxima portabilidad y están diseñados para colocarse en el extremo de una pértiga.

Ilustración 2.2. *Soporte antivibración. Imagen tomada de: https://www.audio-technica.com*

2.4.2. Pantallas antiviento

Las pantallas para viento protegen el micrófono de movimientos excesivos de aire, lo que produce resultados no deseados conocidos como ruido de viento. Una pantalla básica es una pieza de espuma que se coloca sobre el extremo del micrófono (ver ilustración 2.3). A veces, se pueden usar bandas de goma para evitar que las pantallas sueltas se muevan o se caigan.

Ilustración 2.3. *Pantalla antiviento. Imagen tomada de: https://www.db-systems.es*

2.4.3. Zepelines

Los zepelines son tubos largos y huecos diseñados para tener un soporte antivibración insertado dentro para mantener el micrófono protegido del ruido del viento (ver ilustración 2.4). Estas pantallas profesionales son más comúnmente usadas en exteriores. Los zepelines y los soportes antivibración deben almacenarse en posición vertical para evitar tensión excesiva en las bandas de goma dentro del soporte.

Ilustración 2.4. Zepelín. Imagen tomada de: https://www.orly.es/microfonia/

2.4.4. Protectores antiviento para el zepelín

A menudo conocidos como "peluches", estos protectores peludos se colocan sobre el zepelín y reducen significativamente la cantidad de ruido del viento captado por el micrófono (ver ilustración 2.5).

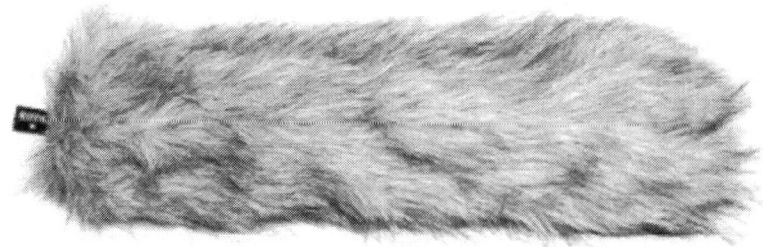

Ilustración 2.5. Protector antiviento para zepelín. Imagen tomada de: https://www.orly.es/microfonia/

2.4.5. Soportes para micrófono

Los soportes para micrófono vienen en todas las formas, tamaños y precios (ver ilustración 2.6). Hay soportes cortos y largos con brazos que alcanzan distancias extremas para microfonear una orquesta, por ejemplo. En general, un soporte de micrófono barato ofrecerá resultados satisfactorios.

Asegúrate de usar soportes con pies de goma, que ayudan a aislar el soporte del micrófono del suelo. En algunos casos, como cuando se dejan caer objetos pesados en el suelo para producir efectos, es una buena idea aislar aún más el soporte colocándolo sobre una pila de mantas de sonido para amortiguar las vibraciones.

Ilustración 2.6. *Soporte de micrófono. Imagen tomada de: https://www.musimaster.com/ soportes/*

2.4.6. Pértigas

Estos soportes móviles para micrófono se extienden en longitud para acercar tu micrófono a la acción (ver ilustración 2.7). Se usan para la grabación de efectos de sonido en exteriores. Hay dos tipos de pértigas: **con cable en espiral y con cable recto**. La primera tiene un cable en espiral que recorre el centro de la pértiga y generalmente no se retira. En su lugar, hay una toma XLR hembra en la parte inferior de la pértiga y una toma XLR macho que sale de la parte superior. Una desventaja es que el cable puede enredarse dentro, dificultando el colapso de la pértiga.

La pértiga con cable recto tiene un cable XLR estándar que recorre el centro y está diseñada para ser retirado, permitiendo el cableado externo de la pértiga. El cable XLR aparece en la parte superior e inferior de la pértiga, lo que facilita la extracción del cable por completo.

Los cables en espiral son pesados y voluminosos. Los movimientos de esta pértiga deben ser suaves para reducir el sonido del cable rebotando dentro del centro de la pértiga. Los cables rectos son menos propensos a causar problemas, pero los movimientos también deben ser lentos y deliberados con estas pértigas. Todo se reduce a la aplicación. Las pértigas con cable en espiral son perfectas para la grabación de efectos de sonido, cuando no tienes tiempo para lidiar con tu equipo y solo necesitas apuntar un micrófono rápidamente a algo.

Ilustración 2.7. Pértiga. Imagen tomada de: https://www.falcofilms.com/rodaje-91/

2.4.7. Filtros antipop

Los sonidos explosivos hechos por la boca humana pueden causar distorsión, o *pops*, en el audio. Estos se producen comúnmente en palabras que comienzan con "b" o "p". Los artistas profesionales de doblaje pueden controlar estos sonidos y crear una oración natural sin llamar la atención sobre la técnica. La mayoría de las veces, necesitarás usar una pantalla de viento entre el micrófono y la boca llamada filtro antipop (ver ilustración 2.8). Este dispositivo permite al orador o cantante hablar normalmente sin preocuparse por controlar su pronunciación en ciertas palabras.

Ilustración 2.8. *Filtro antipop. Imagen tomada de: https://www.madridhifi.com/p/anti-pop-microfono/*

2.4.8. Atenuadores (pads)

Los atenuadores, también conocidos como **pads**, son herramientas esenciales cuando trabajas con fuentes de sonido extremadamente fuertes. Su función es **reducir la intensidad de la señal** que llega al preamplificador, evitando así distorsiones por sobrecarga. Esto es especialmente útil al grabar sonidos intensos como **explosiones, disparos o gritos cercanos**.

Algunos micrófonos profesionales ya incluyen un pad conmutable integrado, pero también existen **pads externos** que puedes insertar entre el micrófono y el grabador. Estos dispositivos suelen ofrecer distintos niveles de atenuación, como **–10 dB, –15 dB o –20 dB**, lo que permite ajustar según la fuente que estés captando. Tener uno a mano puede salvarte una toma en situaciones impredecibles.

2.4.9. Cables de audio

En el mundo del audio, no todos los cables son iguales. Existen dos categorías principales:

- **Cables no balanceados**: tienen solo dos conductores (señal y tierra) y son más propensos a captar **ruido e interferencias** electromagnéticas. Por eso, se recomienda usarlos **solo para distancias cortas**.
- **Cables balanceados**: usan tres conductores (señal positiva, señal negativa y tierra), lo que permite aplicar cancelación de ruido y mantener la señal limpia incluso en **recorridos largos**.

Muchas veces, la calidad del sonido **depende más del cable** que del equipo. Invertir en cables duraderos, con buenos conectores y blindaje, puede marcar una gran diferencia en tus grabaciones.

Si alguna vez escuchas **chasquidos, crujidos o cortes intermitentes**, sospecha primero del cable. Son los componentes que más sufren en el trabajo de campo: se doblan, pisan, enrollan y tiran todo el tiempo. Para identificar fallas, puedes usar un **probador de cables**, que te dirá si hay cortes o conexiones cruzadas. Y si sabes **soldar**, puedes resolver la mayoría de estos problemas tú mismo sin tener que reemplazar el cable entero.

2.4.10. Alimentación phantom externa

Algunos grabadores, mezcladoras o interfaces no incluyen alimentación phantom, o puede que su sistema falle en algún momento. Para esos casos, existen **fuentes de alimentación phantom externas**, portátiles y alimentadas por baterías, que puedes llevar en tu kit.

Estas unidades permiten alimentar micrófonos de condensador de forma independiente, lo cual es ideal cuando trabajas con **grabadoras más simples o adaptadores que no proveen voltaje phantom**. Es una herramienta discreta pero poderosa que puede asegurarte que tu micrófono funcione correctamente cuando más lo necesitas.

GRABADORES

3

En el diseño de sonido, **el grabador de audio es una herramienta fundamental**. Es el puente entre el evento sonoro original y el entorno de postproducción, donde ese sonido será tratado, manipulado y ensamblado. El objetivo del grabador es capturar un evento acústico en un formato reproducible, almacenándolo en un medio digital o analógico para su uso posterior. Hoy en día, ese medio suele ser una **tarjeta SD, microSD o una unidad SSD interna**, aunque en el pasado se usaron cintas, DAT, MiniDisc o discos duros.

Aunque muchas marcas anuncian sus grabadores como "profesionales", no todos los dispositivos que ofrecen altas tasas de muestreo y grandes profundidades de bits garantizan una buena calidad. A menudo, un grabador puede tener una resolución de 192 kHz y 32 bits flotantes, pero contar con preamplificadores ruidosos, convertidores digitales mediocres o conectores frágiles. En diseño sonoro, donde la calidad y fidelidad son fundamentales, estos detalles marcan la diferencia.

3.1. Control de ganancia

El control de ganancia es una de las características más importantes de un grabador. Antes de que una señal llegue a los convertidores digitales (ADC), pasa por un **preamplificador**, y aquí es donde se determina el nivel de entrada adecuado.

Una mala gestión de la ganancia puede arruinar una toma perfecta. Si el nivel es muy bajo, obtendrás un **sonido débil y con ruido** de fondo al intentar amplificarlo después. Si el nivel es muy alto, corres el riesgo de **distorsionar la señal por sobrecarga**, especialmente en grabaciones de alta presión sonora como fuegos artificiales, motores o gritos.

Por eso, es esencial que el grabador tenga un **control de ganancia manual** por canal, indicadores visuales de nivel (medidores o "meters") y, posiblemente, un sistema de **limitadores o compresores** integrados para evitar picos inesperados.

3.2. Calidad de los preamplificadores

Los preamplificadores son los encargados de aumentar el nivel de la señal proveniente del micrófono hasta un punto donde pueda ser convertida digitalmente. En el contexto del diseño de sonido, especialmente en entornos silenciosos o con matices sutiles, los **preamplificadores de baja calidad pueden introducir ruido**, lo que arruina la claridad de la grabación.

Al elegir un grabador, deberías considerar el nivel de **ruido propio** del preamplificador, la **transparencia** y fidelidad al sonido original y la capacidad de manejar micrófonos de baja sensibilidad.

3.3. Entradas y salidas

Un grabador profesional debería ofrecer una buena variedad de conexiones:

- **Entradas XLR balanceadas**, preferentemente con alimentación phantom individual por canal.
- **Entradas mini-jack estéreo** para micrófonos pequeños o Lavaliers.
- **Salidas de línea y de auriculares**, con control de volumen independiente.
- Algunos modelos también ofrecen **salidas digitales**, como SPDIF o AES.

Cuantas más entradas simultáneas tenga, más versátil será el grabador para **grabaciones multicanal** (muy útil para sonido surround, ambientes o grabaciones de efectos complejos).

3.4. Formato de grabación y resolución

El grabador debe permitir trabajar con **formatos sin compresión** (como WAV), a **tasas de muestreo elevadas** (idealmente 96 kHz o más) y **profundidades de 24 o 32 bits**. Estos formatos ofrecen una mayor riqueza sonora y más flexibilidad durante la edición, mezcla y procesamiento.

3.5. Grabación a dos pistas

Un grabador de dos pistas permite capturar **dos canales de audio independientes de forma simultánea**, lo cual resulta ideal tanto para grabación en estéreo como para situaciones más creativas o de seguridad.

Cuando se usa un micrófono estéreo o dos micrófonos mono configurados para grabar el campo estéreo (como en una técnica XY o AB), cada cápsula se graba en una pista distinta, proporcionando una sensación de espacio más realista. Si se emplea un solo micrófono mono, como un micrófono de cañón, solo se utilizará un canal, aunque muchos grabadores permiten duplicar la señal para grabarla en ambas pistas. Esta duplicación no convierte la señal en estéreo, simplemente **repite la misma información**, lo cual puede desperdiciar espacio y recursos.

Más allá del uso básico, **grabar dos pistas permite experimentar**: puedes, por ejemplo, grabar una señal fuerte como una explosión en dos niveles distintos (uno normal, otro con ganancia reducida) para protegerte del clipping. En posproducción puedes elegir la pista que haya conservado mejor el detalle.

También puedes grabar **una acción desde dos ubicaciones distintas** al mismo tiempo. Imagina colocar un micrófono a cada lado de una puerta y grabar simultáneamente un golpe desde ambas perspectivas. Luego podrás usar estas tomas como fuentes distintas o mezclarlas para crear nuevos sonidos.

Aunque existen grabadores de más de dos pistas (multipista), los de **dos canales siguen siendo la opción más práctica y portátil** para la mayoría de situaciones de grabación de efectos de sonido.

3.6. Distorsión digital (clipping)

Una de las diferencias más críticas entre los grabadores analógicos y los digitales radica en cómo gestionan el exceso de señal.

En el caso del **formato analógico**, la señal se graba en cinta magnética. Cuando esta señal supera el nivel ideal, la saturación de la cinta produce una distorsión suave, incluso musical, que puede ser tolerable o incluso deseada en ciertos casos.

Por el contrario, en un grabador digital, la señal se representa en datos binarios. Existe un límite absoluto de nivel, conocido como **cero digital (0 dBFS)**. Cualquier intento de grabar una señal que supere este límite provoca un recorte abrupto de la onda sonora, lo que se traduce en una distorsión áspera, desagradable y muy difícil (o imposible) de corregir en edición. Este fenómeno es lo que se conoce como **clipping digital**, y debe evitarse por completo.

La única manera de proteger la calidad de una grabación digital en condiciones impredecibles o con sonidos muy dinámicos es utilizando **limitadores** y gestionando bien los niveles de entrada.

3.7. Limitador

El **limitador** es una herramienta fundamental en cualquier grabador digital. Se trata de un circuito analógico (a veces digital, en modelos más modernos) que detecta cuándo la señal de entrada se aproxima al límite máximo y **reduce automáticamente el volumen para evitar que lo sobrepase**.

En otras palabras, es un **sistema de protección** que actúa en tiempo real para preservar la integridad de la grabación. A diferencia de la compresión, que puede afectar a todo el rango dinámico de una señal, el limitador solo actúa en los picos extremos, manteniendo el resto de la señal intacta.

Muchos grabadores profesionales permiten configurar el limitador por canal, lo cual es ideal para trabajar con señales impredecibles como efectos de sonido intensos (puertas cerrándose, disparos, gritos, motores, etc.). También pueden incluir **ajustes de umbral, ataque y liberación**, para personalizar su comportamiento.

En definitiva, **grabar sin limitador es arriesgado**, especialmente en el diseño sonoro donde muchas veces se trabaja con sonidos intensos y repentinos.

3.8. Nivel de micrófono/línea

Los interruptores de micrófono/línea indican al grabador qué tipo de señal esperar en las entradas del dispositivo. Algunos grabadores también tienen este interruptor para determinar qué tipo de señal se está enviando a las salidas del dispositivo.

- Nivel de línea profesional: +4 dBu (1.23 V)
- Nivel de línea de equipo de consumo: –10 dBV (–7.8 dBu o 0.316 V)
- Nivel de micrófono: entre –60 y –40 dBu aproximadamente (entre 1 y 10 mV)

NOTA: El dBu es una unidad de medida de nivel de señal de audio que indica el voltaje en relación con 0.775 voltios RMS en un sistema de impedancia indiferente, es decir, sin aportar carga. El dBV es también una unidad de medida de nivel de señal de audio, pero usa como referencia 1 voltio RMS.

Como ves, el nivel de línea es una señal más fuerte que el nivel de micrófono. Esto hace necesario preamplificar la señal de un micrófono para llevar la señal a un nivel equiparable y utilizable.

3.9. Fuente de alimentación

Los grabadores de campo son diferentes de los grabadores de estudio en que están diseñados para ser portátiles. Esto significa que tienen la capacidad de ser alimentados internamente a través de baterías. Las baterías desechables pueden ser costosas y afectar negativamente al medio ambiente. Los sistemas de batería profesionales pueden conectarse directamente al enchufe de alimentación de la unidad. Estas baterías pueden ofrecer más de un día completo de grabación sin necesidad de carga adicional.

3.10. Configuración del grabador

Debes tomarte el tiempo para configurar adecuadamente tu unidad antes de salir a grabar. Es una buena idea crear una lista de verificación que sigas. Por ejemplo:

- Formatear la tarjeta SD
- Activar la alimentación PHANTOM
- Configurar el interruptor MIC/LINE según la señal que vayas a grabar
- Configurar el filtro pasa altos (HPF) según sea necesario
- Ajustar las entradas en mono o estéreo según necesidad
- Ajustar la cuantificación en 24 bits
- Ajustar la frecuencia de muestreo (FS) en 48 kHz
- Activar el limitador del grabador

Preconfigurar los niveles no significa que no puedas cambiarlos cuando estés grabando. Estos son solo buenos puntos de partida que darán un nivel de grabación razonable. Durante la grabación, haz los ajustes necesarios.

Del mismo modo, también deberías crear una lista de tareas para seguir cuando termines de grabar. Por ejemplo:

- Retirar la tarjeta del grabador
- Volcar el contenido de la tarjeta al PC
- Hacer una copia de seguridad de la grabación
- Guardar el equipo y la tarjeta en su estuche
- Colocar las baterías en el cargador
- Limpiar los cables y el equipo

NOTA: En la era digital, los datos de audio en las micro unidades y tarjetas SD se transfieren a un ordenador. Luego, la tarjeta o unidad se formatea, borrando todos los datos. Si el ordenador falla, perderías todos los datos de audio. Por lo tanto, se debe hacer una **copia de seguridad** de las grabaciones de cada día además de transferirlas a tu estación de trabajo.

3.11. Auriculares

Los auriculares pueden clasificarse según si se colocan sobre o dentro del oído: intraaurales, supraaurales y circumaurales. Esta clasificación se complementa con otras categorías técnicas como cerrados, abiertos o planar magnéticos, que se refieren a su construcción acústica y tipo de transductor.

Los **auriculares intraaurales** (o in-ear) se insertan en el canal auditivo. Son compactos, ofrecen buen aislamiento pasivo y son útiles para monitoreo en campo o situaciones móviles, aunque no se recomiendan para diseño de sonido detallado, ya que suelen tener una imagen estéreo limitada y una respuesta en frecuencia más difícil de evaluar de forma crítica.

Los **auriculares supraaurales** descansan sobre la oreja sin cubrirla completamente. Son más pequeños y ligeros que los circumaurales, pero tienden a ofrecer menos aislamiento y pueden causar fatiga auditiva con el tiempo. Tampoco son ideales para diseño de sonido profesional, aunque algunos modelos pueden ser útiles para monitoreo o referencia general.

Los **auriculares circumaurales** rodean completamente la oreja y *son los más recomendados* para tareas de diseño sonoro. Dentro de esta categoría existen modelos de respaldo cerrado, abierto o semiabierto (ver ilustración 3.1). Los de **respaldo cerrado** aíslan mejor del ruido externo, por lo que son útiles en grabación o entornos ruidosos, pero su sonido puede estar ligeramente coloreado. Los **auriculares de respaldo abierto** ofrecen una respuesta más natural y una escena estéreo más amplia, lo cual los convierte en una mejor opción para mezcla, masterización y diseño sonoro crítico. También existen auriculares **planar magnéticos**, que utilizan una tecnología diferente a los dinámicos tradicionales y ofrecen una respuesta extremadamente precisa y detallada, ideal para captar con claridad transitorios, matices y posicionamiento espacial.

Para diseñadores de sonido, los modelos más recomendados son circumaurales abiertos o planar magnéticos, ya que permiten evaluar con precisión el campo estéreo, la profundidad espacial y la textura de los sonidos. Ejemplos muy valorados en este ámbito incluyen los Sennheiser HD 600 o HD 650, los Beyerdynamic DT 990 Pro, los AKG K702 y, en una gama más alta, los Audeze LCD-X o HIFIMAN Sundara.

Ilustración 3.1. *Auriculares circumaurales abiertos Sennheiser HD 600. Imagen tomada de: https://www.amazon.es/Sennheiser-HD-600-Auriculares-abiertos/dp/B00004SY4H?th=1*

3.11.1. Amplificadores de auriculares

Un amplificador de auriculares es un dispositivo que aumenta la potencia de la señal de audio para que los auriculares puedan reproducir el sonido con claridad, volumen adecuado y fidelidad, especialmente cuando se usan modelos de alta impedancia o de tipo profesional. Aunque muchos dispositivos como computadoras, interfaces de audio o teléfonos móviles tienen salidas de auriculares integradas, estas no siempre ofrecen suficiente potencia ni calidad de conversión para sacar todo el potencial de auriculares exigentes.

El uso de un amplificador de auriculares es especialmente importante cuando se trabaja con auriculares que requieren más voltaje o corriente para funcionar correctamente, como los de tipo planar magnético o los dinámicos de impedancia media o alta (por ejemplo, 250 ohmios o más). Sin un amplificador adecuado, estos auriculares pueden sonar con bajo volumen, poca dinámica o falta de claridad en los detalles. Incluso en auriculares más fáciles de alimentar, un buen amplificador puede mejorar la separación estéreo, la precisión de los transitorios y la definición general del sonido, lo cual es valioso para tareas críticas como mezcla, masterización o diseño sonoro.

Existen amplificadores de auriculares en formatos diversos, desde pequeños modelos portátiles hasta equipos de escritorio de alta fidelidad o unidades integradas en interfaces de audio profesionales. Algunos también incluyen conversores digital-analógico (DAC), lo que permite convertir señales digitales de alta resolución directamente desde el ordenador o dispositivo móvil y mejorar la calidad general del sistema. En diseño sonoro, un amplificador de buena calidad permite apreciar detalles sutiles en la textura, espacialidad y dinámica del sonido, facilitando decisiones más precisas en el trabajo creativo y técnico.

3.12. Conectores

En el ámbito del diseño de sonido, los conectores se clasifican en función de su "género", ya que se dividen entre **masculino** y **femenino**. El conector masculino está diseñado con pines, los cuales son los encargados de transmitir la señal desde el dispositivo fuente, mientras que el conector femenino tiene una serie de ranuras o cavidades que reciben dicha señal para enviarla al dispositivo receptor.

Existen, además, los **adaptadores**, también conocidos como "**gender bender**". Estos dispositivos permiten invertir el género de un conector, facilitando la conexión de cables con distintos tipos de terminaciones. Por ejemplo, si dos conectores macho que necesitan ser conectados entre sí, se utiliza un adaptador hembra para crear una conexión funcional entre ambos.

En lo que respecta a los cables de audio, los más comunes incluyen los **jack**, **RCA** y **XLR**. Los conectores **jack** tienen su origen en los antiguos paneles de conexión utilizados en telecomunicaciones. Existen dos tamaños principales: **1/8"** (3.5 mm) y **1/4"** (6.35 mm). Los jack pueden ser **balanceados** o **no balanceados**. Los Jack mono o **TS** (punta/manga) son de tipo no balanceado y están compuestos por un pin que lleva la señal positiva (la "punta") y una manga que transporta la señal negativa o de tierra. Por otro lado, los jack estéreo o **TRS** (punta, anillo, manga) son jack balanceados, lo que significa que además del pin y la manga, cuentan con un anillo que lleva la señal de tierra, mejorando la calidad de la señal y reduciendo el ruido.

Los **conectores RCA** deben su nombre a la **Radio Corporation of America**, empresa que los diseñó. Aunque fueron un estándar en el mercado profesional en sus inicios, hoy en día son más comunes en aplicaciones de consumo, especialmente en audio y vídeo doméstico. Estos conectores son **no balanceados** y tienen únicamente dos conductores: el pin central lleva la señal positiva y la manga transporta la señal de tierra. A pesar de su uso extendido en la electrónica de consumo, no ofrecen la calidad o la robustez de los conectores balanceados como los XLR.

Los conectores **XLR** son considerados el estándar profesional para conexiones de micrófono. Su diseño, creado por la marca Canon, cuenta con tres conductores: el pin 1 lleva la señal de tierra, el pin 2 transporta la señal positiva y el pin 3 la señal negativa. Este tipo de conector es ideal para ambientes donde se requiere alta calidad de sonido y fiabilidad, como en estudios de grabación y actuaciones en vivo.

CONSEJOS PARA OBTENER UNA BUENA GRABACIÓN

4

Unos consejos que te puede ayudar a obtener una buena grabación profesional podrían ser los que se dan a continuación.

4.1. Deja silencio antes y después de cada grabación

En el mundo de la grabación de sonido, es útil tener unos segundos de silencio antes y después de cada toma. Esto permite desvanecimientos (fade in/out) más limpios en la edición y da un momento de calma para que el grabador o el artista Foley reduzcan su propio ruido o de su ropa antes de comenzar.

Pre-grabar antes del evento permite una grabación más suave. Muchas veces, cuando el botón de grabar se presiona apresuradamente, la toma puede sonar cortada al principio o al final. Esto es especialmente cierto en sonidos que necesitan asentarse, como el vidrio rompiéndose o un objeto que cae al suelo y continúa rebotando o rodando antes de detenerse. Post-grabar después del evento asegura que la toma tendrá más de lo necesario, permitiendo una edición adecuada.

Además, este tiempo de grabación "extra" también ayuda a eliminar el ruido de fondo en post-producción utilizando un plugin cancelador de ruido (ver plugin más adelante).

4.2. Graba más de lo que necesites

Siempre tienes que grabar una cantidad suficiente de material, pero ¿cuánto es suficiente? No existe "demasiado" cuando se trata de recolectar sonido. Nunca sabes lo que podrías necesitar en la edición final y, a la inversa, a veces el material que pensabas que era utilizable puede tener fallos. Por esta razón, graba tomas adicionales, variaciones, perspectivas y tomas de seguridad. Una **toma de seguridad** es un término para hacer una toma adicional de una escena. Es mejor prevenir que curar. Al grabar una toma de seguridad, se dan opciones para trabajar en la postproducción.

Cuando grabes en localizaciones de difícil acceso o que requieran de un permiso, deberías grabar tomas adicionales de los eventos para asegurarte de tener la mayor cantidad de material utilizable para la edición. Un buen ejemplo podría ser grabar una demolición de una casa. En este caso deberías utilizar varios micrófonos a distintas distancias y con distintos niveles de entrada para asegurarte de que no haya picos o distorsiones en todas las tomas. Otro ejemplo podría ser el grabar un coche de lujo mientras alguien acelera el motor. Si hubo un error en la grabación, como el claxon de un vecino que no se notó en el fondo, la grabación podría haber sido en vano. Es mejor hacer una toma adicional que perder el evento por completo.

4.2.1. Material de origen

El material de origen es invaluable en manos de un buen diseñador de sonido. La ruina se convierte en riquezas, la basura se convierte en oro. Guarda tus tomas adicionales y úsalas como material de origen. Múltiples tomas de una puerta que se cierra podrían darte un par de tomas sobrantes que pueden crear impactos de madera contundentes o convertirse en la base para un sólido impacto de bala en madera. Así que, piensa en esto: **los errores de tus tomas pueden ser una buena fuente para algo más**. Los mejores choques provienen de docenas de tomas que se superponen y diseñan en una sola. Un pequeño montón de basura que puede contener 20 piezas de metal y plástico puede grabarse chocando en diez tomas. Cuando esas tomas se combinan, el modesto montón de basura se transforma en una montaña de escombros.

4.2.2. Ambientes

Los ambientes generalmente se editan hasta obtener un sonido final de aproximadamente dos minutos. Esto le da al editor más que suficiente sonido para trabajar o para hacer un bucle sin un punto de inicio o fin notable. Sin embargo, como hemos visto antes, hay varias ventajas en grabar más de dos minutos de material bruto.

La primera ventaja es que durante la grabación puede haber sonidos de fondo no notados que necesiten ser eliminados en la edición final. Si solo hay dos minutos de material, cualquier tiempo eliminado acortará la duración final. Por ejemplo, al grabar una multitud dentro de un centro comercial, las voces pueden sonar como ruido blanco indistinguible en los auriculares (un mar de palabras sin sentido o *wallas*). Pero en la edición podría haber una voz notable que mencione nombres con derechos de autor o marcas registradas, por ejemplo: "Odio comprar en X. ¡Nunca tienen lo que necesito!". Algo así es inutilizable porque, si se escucha en la producción final, podría llevar a una demanda.

Los ambientes se crean mejor como una base sonora que identifica un lugar sin ser específico. Se deben evitar palabras y frases identificables porque serían muy notables si el ambiente se repite en bucle. También podrían distraer a los oyentes mientras intentan descifrar lo que se está diciendo. Los sonidos identificables, llamados "identificadores", deben eliminarse para que el ambiente sea más versátil para futuros usos.

La segunda ventaja de grabar más cantidad de ambiente en una ubicación es obtener material adicional para duplicar o diseñar el sonido en la edición. Esto es particularmente valioso cuando se graba en ubicaciones que suenan vacías o no muy activas. Por ejemplo, una tienda de comestibles podría permitirte entrar y grabar, pero ¿qué pasa si ese día hay poco tráfico de personas? Menos clientes significa menos sonido. Sin embargo, grabando el doble o incluso el triple del tiempo deseado, puedes superponer los sonidos entre sí para crear un ambiente de supermercado concurrido a partir de la tienda pequeña y vacía que grabaste.

4.2.3. *Ambientes* surround

Otra ventaja de grabar más de lo necesario podría ser la creación de material envolvente (*surround*) a partir de una fuente estéreo. La grabación de sonido *surround* en campo es un arte en sí mismo. Es bastante difícil grabar en una dirección como una grabación estéreo. Encontrar un lugar que suene bien en todas las direcciones es prácticamente imposible. Los sonidos estéreo pueden ser editados, repetidos y cruzados según sea necesario para eliminar sonidos extraños o inutilizables. Pero las grabaciones *surround* verdaderas tienen seis pistas (o más) en lugar de dos y son menos flexibles en la edición.

Una solución menos costosa para grabar material *surround* es usar un micrófono estéreo y grabar el doble de material. Puedes usar la primera mitad de la grabación en los altavoces frontales izquierdo y derecho, y la segunda mitad en los altavoces traseros izquierdo y derecho.

Un truco aún mejor para grabaciones *pseudo-surround* es grabar cinco minutos de material en una dirección y cinco minutos adicionales en la dirección opuesta. Usa la primera dirección grabada en los altavoces frontales izquierdo y derecho, y la segunda dirección grabada en los altavoces traseros izquierdo y derecho. Los resultados pueden ser muy convincentes y a veces producir una grabación más limpia y pura que un micrófono *surround* verdadero.

4.2.4. *Graba tomas diferentes con variación*

Evita grabar demasiado el mismo tipo de material, ya que esto solo resultará en tomas redundantes y pérdida de tiempo. En su lugar, graba tomas adicionales con variaciones para obtener más material útil. Usa variaciones como:

- *Duración*: Realiza el evento con tomas cortas y largas. Ten en cuenta que las tomas largas pueden acortarse fácilmente, pero las tomas cortas no te darán mucho margen de maniobra. Graba una variedad para proporcionar flexibilidad durante la edición.

- *Frecuencia*: Las grabaciones pueden variar según la frecuencia con la que se realicen los eventos. Cambiar el tiempo entre eventos hará que las tomas sean diferentes y te dará más opciones para trabajar más tarde.
- *Impacto*: La fuerza con la que realizas una acción puede evocar emoción (por ejemplo, al cerrar una puerta de golpe) o implicar peso (como una caída fuerte sobre madera). Al grabar, intenta variar la fuerza con la que mueves o golpeas los objetos.
- *Perspectiva*: La colocación del micrófono puede ofrecerte diferentes perspectivas de un sonido. Prueba a colocar el micrófono debajo de las escaleras para grabar pasos, dentro y fuera de una puerta de garaje, o en ambos lados de una puerta al golpear. Usar diferentes perspectivas te dará no solo diferentes sonidos, sino también material fuente para mezclar y diseñar diferentes efectos.
- *Velocidad*: La velocidad de un objeto afecta cómo suena. Grabar un coche pasando a la misma velocidad cinco veces solo te dará cinco tomas de un mismo sonido. Prueba a grabar el coche pasando a distintas velocidades. Esto te dará efectos de sonido diferentes. Puedes aplicar el mismo principio de variación a otros sonidos (abrir y cerrar puertas, escribir en un teclado, velocidades de ventiladores, etc.).
- *Graba más*: Grabar material adicional te dará mejores probabilidades de producir una pista de ambiente de mayor calidad. Es más fácil descartar el material no utilizado que volver a la ubicación para grabar un minuto adicional de material. Siempre graba más de lo que necesitas. Recuerda, cuanto más grabes, más tendrás para trabajar en la edición.

4.3. Anuncia las tomas con la mayor cantidad de información posible

Un día en exteriores o en el estudio de grabación puede producir cientos de sonidos. Es fácil engañarse pensando que recordarás cada sonido. Sin duda, durante la edición habrá una multitud de sonidos que no reconocerás ni recordarás de dónde provienen. Muchas veces, los sonidos grabados no se editarán durante semanas o incluso meses. Por lo tanto, necesitas registrar cada toma con la mayor cantidad de información posible.

Un anuncio de toma (*slate*) es una descripción hablada del evento en la misma toma que el evento. Las *slates* deben aparecer al inicio de cada toma y deben estar separadas del evento real. Asegúrate de dejar tiempo entre la *slate* y el evento que quieres grabar. También es buena idea utilizar una claqueta al inicio si estás grabando simultáneamente con la imagen para, en postproducción, sincronizar el audio con el vídeo.

Cada grabación de sonido debería estar acompañada de una voz indicando el nombre y la información específica de la localización en la que se está grabando o la actividad que se está realizando. Además, podrías añadir más información como datos del micrófono como el modelo o la ubicación o la hora del día.

Ejemplos de *slates*:

- "Estudio de Foley, golpe de botella de cristal de 1 litro rompiéndose, micrófono de condensador ubicado en el suelo."
- "Carretera M-50 de Madrid, medición del tráfico, 13:30 horas, micrófono de cañón."
- "Ciudad de Toledo, pequeño salto de agua en el río Tajo a su paso por la ciudad, micrófono dinámico cardioide."

También es una buena idea comenzar cada día de grabaciones con la *slate* de la primera toma diciendo la fecha de la grabación, los micrófonos que se van a usar y las localizaciones.

Muchos mezcladores y grabadores de campo tienen un botón de *slate* que activa un micrófono incorporado. El interruptor suele estar etiquetado como "slate" o "talk-back". Este micrófono interno puede ser muy útil cuando el micrófono de grabación está posicionado en una pértiga o en un soporte lejos del grabador. Si no hay un interruptor de *slate* en la grabadora, asegúrate de alzar la voz lo suficiente como para que el micrófono la capte. Ten en cuenta que la *slate* no tiene que grabarse a un nivel utilizable, solo necesita ser lo suficientemente alta como para ser entendida durante la edición.

Para las tomas donde una *slate* interferiría con la toma (por ejemplo, el paso de un tren), usa una **slate de cola**, que es simplemente una *slate* que se da al final de la toma.

Graba cada sonido en una toma diferente. Aunque es más fácil simplemente presionar grabar y trabajar durante horas, perderás tiempo durante el proceso de edición buscando entre archivos largos que también pueden tardar mucho en transferirse y cargarse en tu DAW (ver capítulo DAW más adelante).

Pero hay excepciones: Cuando trabajas con ciertos objetos (por ejemplo, barro o antorchas), tiene sentido presionar grabar y continuar realizando eventos en una sola toma larga. En tales casos, asegúrate de usar una *slate* para cada acción separada. A veces ayuda chasquear los dedos o aplaudir antes de la *slate*. Esto le dará al archivo un pico visible y audible que será fácil de localizar durante la edición. Algunos grabadores de campo tienen un botón que te permite insertar marcadores en el archivo mientras grabas.

Al final, las tomas que están correctamente "*slateadas*" te proporcionarán toda la información necesaria para describir adecuadamente tu sonido. Luego, puedes crear una base de datos precisa y detallada de palabras clave para recuperar los sonidos en los que invertiste tanto tiempo y energía en grabar.

4.4. Revisa los niveles de la grabación a menudo

Es esencial que verifiques los niveles en tu grabador tan a menudo como sea posible. Las condiciones difíciles y el constante movimiento durante las grabaciones en campo pueden hacer que los botones se muevan, resultando en niveles de audio que se suben o bajan accidentalmente. No hay nada más frustrante que terminar el día solo para descubrir que has estado trabajando con niveles de audio inutilizables. Verifica tus botones (potenciómetros) y *faders* cada vez que presiones grabar, cada vez que termines y cada vez que te instales en una nueva localización.

Siempre confía en tus medidores para informarte cuando una grabación está demasiado alta o baja, y luego haz los ajustes necesarios. Los medidores nunca mienten. Nunca ajustes el volumen basándote solo en tus oídos. Tus oídos pueden engañarte. No confíes en ellos.

Los amplificadores de auriculares pueden hacer que tus oídos piensen que el volumen de una grabación es demasiado alto, pero en realidad el volumen de los auriculares puede estar demasiado alto; bajar el nivel de tu micrófono resultaría en una grabación con un nivel bajo e inutilizable. Si el nivel de grabación es demasiado bajo para empezar, pero el volumen de tus auriculares es demasiado alto, es posible que el nivel del micrófono no se aumente a un nivel utilizable porque tus oídos te dicen que el nivel es adecuado. *Siempre monitorea tus niveles con tus ojos, no con tus oídos.*

4.4.1. Medidor de grabador analógico vs digital

Los grabadores analógicos y digitales funcionan de manera diferente, y se debe evitar la distorsión a toda costa. Los medidores analógicos generalmente muestran +6dB de margen por encima de cero. Con los medidores digitales, cero es el nivel más alto que el sonido puede alcanzar. Al configurar tus niveles en un medidor digital, debes usar −18dB como referencia digital al cero analógico. Esto te dará un margen de +18dB en caso de que el sonido alcance picos.

No existe un estándar para la referencia de cero digital. Independientemente de cuál sea, el principio sigue siendo el mismo: **deja margen para los picos**. Los impactos y sonidos con ataques bruscos se registrarán hasta −1dB. Esto está bien, siempre y cuando no superen la marca de cero digital. **La idea es grabar la señal lo más alto posible sin distorsión**.

4.5. Escucha lo grabado con auriculares

Monitorea siempre la calidad del sonido y la posición del micrófono con auriculares. Mientras que los medidores de la grabadora monitorean el nivel de la grabación, los auriculares monitorean la "imagen" del sonido que estás capturando. Hay muchos aspectos de la grabación que los medidores no pueden indicar.

Por ejemplo, si estás grabando el interior de un coche en movimiento, podrías ver en los medidores que los niveles de grabación son aceptables, solo para descubrir, al ponerte los auriculares, que el micrófono está captando una cantidad excesiva de ruido grave del motor. Con los auriculares puestos, puedes mover el micrófono y encontrar una posición que capture el sonido deseado de manera más clara. Es posible que los niveles sean más bajos en la nueva posición y necesiten ser ajustados, lo cual está bien, pero nunca hagas un ajuste en la posición del micrófono basado solo en los niveles; hazlo primero escuchando con los auriculares y luego los ajustas, es decir, monitorea tus niveles con tus ojos, pero escucha con tus oídos.

Te sorprenderá lo que pueden captar los micrófonos profesionales. Grandes micrófonos pueden ofrecer una claridad increíble en lo que de otro modo parecería un desierto sonoro. Los artistas de Foley a menudo usan auriculares en escenarios de sonido profesionales no solo para monitorear los sonidos que están realizando, sino también para escuchar cualquier sonido accidental, como el ruido propio.

Los humanos nos volvemos ciegos sonoramente, especialmente a los sonidos que producen nuestros propios cuerpos. No es raro poder escuchar la respiración durante sonidos excepcionalmente silenciosos o incluso en sonidos fuertes como choques si el artista de Foley está físicamente involucrado en la actuación, lanzando objetos pesados y similares; esto es especialmente notable después de varias tomas, cuando la respiración se vuelve más trabajosa. Una buena práctica es **contener la respiración** durante las tomas para reducir las probabilidades de ser escuchados por los micrófonos.

Es importante darse cuenta de que hay una diferencia entre lo que escuchas durante la grabación y lo que escucharás durante la reproducción. Impactos que suenan enormes y atronadores pueden resultar ser golpes débiles durante la reproducción. Esto tiene que ver con la fisiología de la audición, que involucra no solo las ondas sonoras que llegan a tus tímpanos, sino también las vibraciones recibidas por el resto de tu cuerpo. Juntas, estas percepciones ayudan a tu cerebro a determinar el tamaño o el peso del sonido. El micrófono no siempre traduce el tamaño y el peso con precisión. No te preocupes. Hay algunos trucos de edición, como el cambio de tono, que pueden recuperar estos efectos.

4.6. Elimina el ruido de fondo

La clave para grabar sonidos limpios es tener un entorno sonoro limpio. La *escucha crítica* es fundamental al grabar. De hecho, durante la grabación hay que estar más atento a los sonidos que no se deben grabar que a los que sí. Entrena tus oídos para que sean hipersensibles a los sonidos que no son necesarios en el campo sonoro. Esos son los sonidos que destacarán durante la edición.

El zumbido del aire acondicionado, el tráfico y los aviones son algunos de los desafíos más frecuentes que enfrentan los grabadores al buscar una buena ubicación. La Tierra es un planeta cada vez más ruidoso. El silencio es oro porque es raro. A continuación se dan algunos consejos para lidiar con estos problemas.

4.6.1. Zumbido de corriente alterna (CA)

Casi todo el equipo de grabación está diseñado para funcionar con baterías. Esto permite portabilidad y reduce el riesgo de un zumbido de CA de 50Hz (es la frecuencia estándar en casi todos los países de Europa, Asia, África y Australia. En América son 60 Hz). Las causas más comunes de este zumbido son conexiones a tierra defectuosas, reguladores de luz y aires acondicionados en el mismo circuito. Pero no te preocupes, hay filtros que eliminan este ruido sin alterar el sonido.

En cualquier caso, es mejor usar equipos alimentados por baterías en exteriores. Las baterías te mantendrán la movilidad y reducirán el estrés de intentar eliminar el zumbido. Sin embargo, los cables XLR pueden inducir zumbido de CA si se colocan demasiado cerca de una regleta u otro dispositivo eléctrico. Si tienes que cruzar un cable XLR con un cable de alimentación, asegúrate de que los cables se crucen perpendicularmente y nunca en paralelo; las **líneas paralelas pueden inducir zumbido**.

Por otro lado, conectar cualquier equipo alimentado por CA a tu equipo alimentado por baterías puede introducir ruido. Esto incluye amplificadores de auriculares y conexiones de tarjetas de sonido o mezcladores.

4.6.2. Ruido del sistema de climatización de los edificios

Algunas localizaciones permiten desactivar sus sistemas de calefacción y refrigeración para proporcionar un entorno sin ruido para grabar. Nunca está de más preguntar. Si trabajas en un edificio industrial o complejo de oficinas, probablemente te rechazarán porque estos diseños tienen múltiples zonas en el mismo sistema de calefacción y refrigeración. Si no es posible apagar el sistema, intenta bloquear los conductos de aire con mantas acústicas o abrigos para reducir el ruido. Si esto no es una opción, intenta usar un micrófono direccional apuntado en dirección opuesta a la fuente de ruido.

4.6.3. Vehículos

Cuando se trabaja al aire libre, a veces el sonido residual del vehículo puede ser una fuente de ruido de fondo. Incluso grabando sonidos en la naturaleza en medio de la noche. Puede que, al llegar a un bosque, por ejemplo, se escuche tu propio coche enfriándose y lo tengas que alejar a cierta distancia para evitar este ruido. **Mantén los vehículos alejados del sitio de grabación**.

4.6.4. Relojes

Los relojes pueden ser fuentes de ruido de fondo engañosas. Incluso con un oído entrenado, a veces no se nota el tic-tac de un reloj hasta después de varias tomas. Una solución rápida es quitar la batería del reloj o colocarlo bajo un cojín para amortiguar el sonido. Escucha con atención para asegurarte de que el ruido haya desaparecido antes de continuar.

4.6.5. Luces fluorescentes

Siempre que sea posible, apaga las luces fluorescentes en el lugar de grabación, ya que su zumbido puede ser muy notorio durante la reproducción. Lleva una luz de trabajo para lugares oscuros. Si no es posible apagar las luces, utiliza un micrófono direccional apuntando en dirección opuesta a ellas.

4.6.6. Insectos

Los insectos pueden arruinar una grabación debido a su ruido constante. Un ecualizador puede reducir o eliminar su chirrido, pero no siempre es efectivo. Busca lugares sin insectos o espera a que mueran en otoño. Si es necesario ecualizar, comienza con un filtro en 8KHz, ajustando la banda a la frecuencia precisa del chirrido.

4.6.7. Aviones

Si un avión vuela sobre el área de grabación, corta la toma y espera a que se vaya. Esto puede tardar varios minutos. Evita grabar cerca de aeropuertos y ten en cuenta que los fines de semana son populares para vuelos recreativos que vuelan bajo.

4.6.8. Tono de la habitación

Es habitual grabar el sonido de una habitación o ambiente durante un minuto. Este sonido, conocido como "room tone" o tono de la habitación, es muy útil para los editores que empalman diferentes fragmentos de diálogo grabados en distintos momentos, lugares o perspectivas. Sin el tono de la habitación, los fondos de los clips de diálogo pueden sonar diferentes, resultando en un diálogo poco natural que distrae al público. Para evitar esto, el editor toma el tono de la habitación grabado, lo mete en un bucle y lo coloca debajo de todo el diálogo en la escena, logrando una pista de diálogo natural y fluida.

Además de ser un efecto de sonido útil por sí mismo, el tono de la habitación puede ayudar a enmascarar interrupciones en el silencio que se escuchan en sonidos que han sido cortados y unidos. Pero su mejor uso en la grabación de efectos de sonido es como muestra para la reducción de ruido. Los plugin de reducción de ruido pueden aprender las características sonoras y frecuencias del tono de la habitación u otro ruido estático, y luego eliminar ese sonido del resto, dejando solo el efecto de sonido puro. Aunque hay plugin muy fáciles de usar, hay un arte en trabajar con el ruido y eliminarlo de un sonido. La mejor manera de aprender a reducir adecuadamente el ruido de fondo es practicar.

4.6.9. Televisores

A veces no es posible apagar el televisor en lugares públicos. Una solución es poner una manta acústica sobre el televisor, cubriendo la parte trasera y superior. Esto generalmente elimina el sonido completamente. Pero si una manta no es una opción, intenta usar un micrófono direccional apuntando en dirección opuesta al televisor.

4.6.10. Tráfico

Si necesitas grabar en un lugar con mucho tráfico, intenta hacerlo durante horas valle, como a medianoche. Si el lugar es exterior, graba con un micrófono direccional, como un cañón, apuntando en dirección opuesta al tráfico. Ten en cuenta que el ruido del tráfico puede reflejarse en edificios o árboles en la dirección opuesta. Si estás en un lugar interior, evita grabar cerca de ventanas.

Aunque no es óptimo, una solución para grabar en lugares con ruido de tráfico es usar ecualización durante la edición. El tráfico es más notable en el rango bajo medio, alrededor de 400Hz. Ten cuidado de no colorear tu sonido con demasiada ecualización. El objetivo de la grabación debe ser reproducir fielmente el sonido, no fabricarlo artificialmente.

4.7. No interrumpas una toma

Una vez que presiones grabar y estés en medio de una toma, es mejor dejar que la toma suceda de forma natural. Evita hacer cambios en el grabador, el micrófono o cualquier otra cosa que se note en la grabación. Esto incluye errores y accidentes. Incluso los accidentes pueden ser útiles en la edición final.

También debes evitar cambiar los niveles de grabación durante una toma. Un cambio de nivel es muy notable y casi imposible de corregir en la edición. Además, puede afectar el ruido de fondo. En lugar de eso, realiza otra toma con los niveles corregidos después del evento. Te sorprenderá cuántas tomas malas resultan ser útiles.

Hay una excepción importante a esta regla: Al grabar eventos que permiten solo una toma, como el lanzamiento de un cohete o la demolición de un edificio, pueden ser necesarios ajustes. Si el evento es largo y constante, como el paso de un tren, y los niveles están distorsionados, debes corregirlos rápidamente para capturar el resto del evento de la manera más limpia posible. En la edición, puedes eliminar la sección distorsionada y aún tener un efecto de sonido utilizable.

4.8. Habla con las manos

Nunca interrumpas una toma hablando o dando instrucciones. A veces, los técnicos de grabación trabajan en la misma sala que los artistas de Foley y les dan indicaciones sobre su desempeño. Puedes hacer señales con las manos para comunicar varias instrucciones: "Silencio", "grabando", "corta", "haz una toma más", "cuidado"...

Estas señales son muy útiles cuando se trabaja con otra persona. Nunca debes interrumpir la actuación de alguien con palabras. Es muy fácil no darse cuenta hasta la edición, cuando te das cuenta de que hablaste sobre el evento. En su lugar, usa señales con las manos para indicar la dirección o deja que el artista de Foley termine la actuación y redirígelo después. Es mejor seguir grabando una toma mala que interrumpir una toma que podría funcionar después. Recuerda, siempre puedes apartar las tomas malas como material de origen.

4.9. Trata de obtener un buen estéreo

Al capturar el ambiente de un lugar específico, identifica los sonidos clave y centra el micrófono en esos sonidos. Esto podría llevarte a hacer **múltiples grabaciones para diferentes sonidos identificativos**. Por ejemplo, si estás grabando dentro de una tienda de ultramarinos con frigoríficos, graba el entorno con los micrófonos centrados frente a los frigoríficos. Luego, graba en la dirección opuesta (por ejemplo, el mostrador), con tu espalda orientada a los frigoríficos. Esto resultará en un campo estéreo equilibrado para ambas grabaciones y te dará más opciones para usar esos sonidos.

Si usas el ambiente de la tienda de ultramarinos en una banda sonora de una película y en la escena se muestran los frigoríficos centrados en el fondo, y tu ambiente fue grabado con los frigoríficos solo en el altavoz derecho, tu efecto de sonido no sería utilizable. Es probable que una escena así incorpore múltiples tomas desde diferentes perspectivas, resultando en posiciones cambiantes de los frigoríficos en relación con cada toma.

4.9.1. Grabación de objetos estacionarios

El campo estéreo también debe preservarse al grabar objetos estacionarios. Por ejemplo, si estás grabando un motor de coche en estéreo, el sonido debe aparecer equilibrado entre los canales izquierdo y derecho. Esto significa que el sonido está equilibrado en tus auriculares y en ambos medidores (izquierdo y derecho). El centro del sonido podría ser diferente de la ubicación física del sonido. Si una parte del motor es más fuerte que otra, tu sonido parecerá desequilibrado. Intenta microfonear el motor desde una posición diferente para corregir esto.

4.9.2. Estéreo en movimiento

Al grabar pasadas en estéreo, deja el micrófono centrado en ambas direcciones (izquierda y derecha). No es necesario observar la polaridad al grabar. Si la escena requiere que un coche pase de izquierda a derecha, puedes usar una grabación de derecha a izquierda e intercambiar los canales en tu DAW (ver capítulo "La estación de trabajo" más adelante). Al intercambiar los canales, tu izquierda se convierte en tu derecha y viceversa. Ten esto en cuenta al grabar. Enfócate en el campo estéreo en su totalidad, pero no te preocupes por los canales.

4.10. Movimiento del micrófono

El micrófono y el soporte del micrófono nunca deben moverse durante una toma. La excepción al movimiento es cuando estás siguiendo una acción. En estos casos, ten en cuenta el ruido de manejo del micrófono, el movimiento de cables y el sonido del viento. Sostén la pistola o la pértiga con suavidad y permite que tu brazo esté suelto. No sostengas el micrófono con fuerza ya que esto puede introducir sonidos de movimiento. Es mejor usar un micrófono direccional como un cañón cuando tiene que haber movimiento para seguir la acción. Usar un micrófono estéreo cambiará la imagen del fondo además de la acción y dará resultados indeseables.

4.11. Revisa el equipo antes de salir a grabar

Trabajar en el campo es complicado porque solo tienes lo que llevas contigo. Por lo tanto, tienes que estar preparado para lo que pueda suceder.

La mayoría de las situaciones de grabación son planificadas y controladas. Habrá un lugar definido, cosas que grabar y un marco de tiempo para trabajar. Pero ¿qué sucede cuando ocurre un evento imprevisible y lo necesitas o podrías necesitarlo en el futuro? Siempre hay que estar listo para grabar.

Generalmente es buena idea mantener el grabador encendido, el cable del micrófono desenrollado y los auriculares fuera de la caja para agarrarlos rápidamente. Tener una batería cargada lista y una tarjeta SD formateada.

Tener tu equipo preparado y listo antes de salir ahorra tiempo y estrés una vez que llegas al lugar. Sin mencionar que tener un grabador listo para grabar en cualquier momento te da la flexibilidad de grabar sonidos espontáneos e imprevistos. Seguir esta simple regla ha producido grabaciones de helicópteros pasando, sobrevuelos de aviones de combate de la Fuerza Aérea, motocicletas, sirenas y más.

4.12. Cuidado con los derechos de autor

El material con derechos de autor nunca debe ser grabado sin el permiso por escrito del titular de los derechos. No hay excepciones a esta regla. Infringir esta norma podría resultar en serios problemas legales.

4.12.1. Música

La música puede hacer que la grabación de ambientes sea muy difícil. Centros comerciales, restaurantes y grandes almacenes tienen bucles interminables de música sonando suavemente a lo largo de sus edificios, lo que hace imposible grabar sin infringir las leyes de derechos de autor. Muchos de estos establecimientos te permitirán grabar allí, pero a menudo son muy reacios a apagar su música. Los eventos deportivos de grandes ligas, si tienes la suerte de obtener acceso (o la astucia de colar un grabador), están llenos de música y clips de sonido de películas y otros materiales con derechos de autor.

Desafortunadamente, **si puedes escuchar música, el lugar no sirve**. Ni siquiera intentes grabar. Si alguien puede escuchar la música en una de tus grabaciones y lo informa, serás responsable de infringir las leyes de derechos de autor. Recuerda: *Para usar material con derechos de autor, debes recibir permiso del titular de los derechos.*

Pero las leyes son un poco más complicadas de lo que podrías pensar. Por ejemplo, recibir permiso de una escuela secundaria local para grabar su teatro de navidad no significa que tengas permiso del titular de los derechos de autor de la música que está sonando en la obra, a menos que, por supuesto, el director del teatro sea el compositor y te haya dado permiso. Si este es el caso, asegúrate de obtener el permiso por escrito porque esta será tu única prueba si hay una disputa más adelante.

Algunas músicas no tienen un titular de derechos de autor y se consideran de dominio público. Esto incluye las obras de los clásicos como Beethoven o Mozart. Puedes hacer tus propias grabaciones de estas canciones y usarlas como quieras. Sin embargo, no puedes usar las grabaciones de otra persona sin su permiso.

4.12.2. Bandas sonoras de películas, transmisiones de radio y televisión

Las bandas sonoras y transmisiones deben ser tratadas como música con derechos de autor. Incluso las transmisiones gratuitas de eventos deportivos están protegidas por derechos de autor y no se pueden usar sin permiso. No puedes grabar el sonido de tu televisión mientras se emite una transmisión. Si estás grabando ambiente en una playa pública y hay una radio sonando, incluso si solo están hablando los locutores, no puedes usar ese material. No puedes usar frases o escenas de películas, ni su banda sonora ni efectos de sonido. Los sonidos protegidos por derechos de autor también incluyen tonos de llamada y sonidos de juegos de arcade y videojuegos. Ten en cuenta que incluso unos pocos segundos de uso pueden resultar en una demanda en tu contra.

4.12.3. Artistas de doblaje

Al trabajar con profesionales de doblaje, asegúrate de obtener un formulario de autorización firmado que te dé permiso para usar la voz de la persona en tu producción. No hacerlo podría resultar en una disputa legal complicada sobre regalías o el uso de la grabación. Esto incluye trabajar con familiares y amigos. Siempre cubre tus bases legalmente. Nunca se es demasiado cuidadoso.

Asegúrate de obtener la autorización antes de comenzar la grabación. Es muy fácil olvidarlo después, y también establece de forma clara el acuerdo al que estás llegando con el artista. Como respaldo, también haz que el artista dé una autorización oral al comienzo de la primera pista que grabes.

4.12.4. Protege tu propio trabajo

Registra tus diseños de sonido en la institución que corresponda en tu país para que otros diseñadores no lo usen sin tu permiso.

4.13. Recolección de efectos de sonido

Sin duda, la grabación en exteriores es la parte más difícil del proceso de creación de efectos de sonido. Seleccionar la ubicación correcta es tan importante como lo que vas a grabar allí. Los entornos moldean tu sonido. Asegúrate de seleccionar una ubicación con tus oídos y no con tus ojos. Un lugar que se vea genial puede no sonar igual de bien.

4.13.1. La hora del día para grabar

Cada momento del día tiene sus ventajas y desventajas. Las grabaciones nocturnas suelen ser óptimas, pero es posible que los lugares que te permitan grabar no estén dispuestos a acompañarte a las dos de la mañana y, probablemente, no te dejarán vagar libremente por su propiedad sin supervisión. Las grabaciones matutinas en entornos urbanos están sujetas al ruido del tráfico; en entornos rurales, hay insectos y aves que pueden ser un problema. Lo mejor es explorar una ubicación durante la hora del día en la que planeas grabar. Esto te dará una idea de lo que podrías enfrentar, para que puedas planificar en consecuencia.

4.13.2. Las condiciones del tráfico

Las áreas con mucho tráfico presentan problemas importantes para la grabación. El tráfico suele generar un zumbido constante de motores rugientes a lo lejos, y trenes y aviones pueden aparecer inesperadamente y arruinar una toma. Intenta seleccionar una ubicación que te ofrezca lo mejor de ambos mundos. Los aviones y trenes son más fáciles de manejar que el tráfico porque son esporádicos. Si no tienes otra opción, asegúrate de esperar hasta que el ruido haya pasado antes de continuar grabando.

4.13.3. Pedir autorización

Puedes pedir permiso en un lugar y, al llegar, puede haber algún empleado que no estaba al tanto de tu visita y podría interrumpir tomas haciendo su trabajo. Por eso es mejor que hagas preguntas claras y directas para evitar malentendidos y pérdidas de tiempo. Informa si necesitarás que apaguen la música y consulta si es posible desactivar los sistemas de calefacción y refrigeración. Si estás grabando en una habitación con halógenos ruidosos, pregunta si pueden apagar las luces (y asegúrate de llevar una luz de trabajo contigo para la grabación). Y lo más importante, asegúrate de obtener el nombre y número de teléfono de tu contacto para que te reconozcan al llegar.

Asegúrate de establecer límites claros sobre lo que se te permite hacer en la ubicación. Esto es especialmente importante si vas a realizar actividades que impliquen destrucción. Informa al propietario si planeas usar materiales inflamables, explosivos o cualquier cosa fuera de lo común.

4.13.4. Avisa a la autoridad competente

Informa al departamento de policía local si vas a trabajar de noche haciendo algo que podría ser visto como actividad sospechosa por alguien que pase. La policía es permisiva mientras dejes claro lo que estás haciendo.

Recuerda, el allanamiento es ilegal. Incluso si solo estás en el borde de la propiedad para grabar el ambiente, sigues estando en propiedad privada y la policía tiene derecho a arrestarte. Sin embargo, puedes estar en propiedad pública, como las aceras. Aunque esto podría no acercarte lo suficiente a la acción para grabar algunos sonidos...

4.13.5. Aislamiento y entorno

El aislamiento es probablemente el factor más importante al recolectar la mayoría de los efectos de sonido. La fuente original del sonido debe ser pura y libre de sonidos de fondo. Esto incluye los sonidos del entorno. Sé muy exigente sobre dónde decides grabar. Tu ubicación afectará tus sonidos. El aislamiento es preferible, pero los buenos entornos en ocasiones tienen algo único que ofrecer.

4.13.6. Todo hace sonido

Con el advenimiento de las estaciones de trabajo de audio digital (DAW) y la innumerable cantidad de plugin disponibles, casi cualquier sonido puede ser usado para crear algo nuevo y fantástico. Si no sabes qué grabar a continuación, experimenta. A veces encontrarás sonidos nuevos y emocionantes. Otras veces, no te darás cuenta de lo que has descubierto hasta que comiences a editar. Sé creativo. Inténtalo todo.

Cuando trabajes en el campo o en un escenario de Foley, crea una lista de cosas para grabar. Usa esta lista como guía e intenta obtener la mayor cantidad de sonidos posible. Pero también permite que la creatividad te lleve fuera de la lista cuando la inspiración surja.

Puede ser útil pasar tiempo rompiendo los paradigmas de tu mente sobre ciertos efectos de sonido, es decir, solo porque una nave espacial suena de cierta manera en una película no significa que sea la mejor forma en que puede sonar. Piensa en una espada láser. Seguramente estés pensando en *Star Wars*. ¿La espada debería sonar así? Prueba cosas nuevas. Nunca dejes de experimentar. Algunos de los sonidos más geniales provienen de las fuentes más comunes.

Se usa el sonido de los motores de apertura y clausura de bandejas de reproductores CD o DVD como base para puertas espaciales que se abren y cierran. O gruñidos de cerdos comiendo, invertidos y bajados de tono en la edición, para crear los escalofriantes gritos de criaturas demoníacas.

Recuerda, **la grabación de sonido no solo es técnica, sino también muy creativa**.

5

EL ARTE DE FOLEY

Este arte lleva el nombre del pionero de efectos de sonido, Jack Foley, quien trabajó en Universal Pictures durante los años 30.

Los efectos de Foley son sonidos creados en un estudio especializado para sincronizarse con las imágenes de una película, serie, o cualquier otro medio audiovisual. Los artistas Foley utilizan materiales caseros o los que puedes encontrar en un desguace, por ejemplo, para crear sonidos. Estos sonidos se producen de manera artesanal para recrear sonidos cotidianos que no se grabaron de manera adecuada durante el rodaje, o para mejorar los sonidos grabados en el set que no tienen la calidad suficiente.

Los artistas de Foley trabajan con las imágenes de la película proyectadas en una pantalla y recrean los sonidos de las acciones que aparecen en la pantalla, como el sonido de pasos, objetos moviéndose, el roce de la ropa, etc. La sincronización entre lo visual y lo sonoro es fundamental, y esto se logra al realizar los sonidos mientras se observa la secuencia.

Los estudios de Foley están equipados con una variedad de superficies, materiales y objetos que permiten replicar sonidos de la vida diaria, como césped, madera, metal, agua, y otros materiales. En un estudio de Foley, también se suelen tener micrófonos sensibles que capturan los sonidos de manera precisa.

Los efectos de Foley añaden una capa de realismo que la grabación directa en el set no siempre puede capturar debido a limitaciones técnicas o problemas con el sonido en el ambiente. Aunque los micrófonos en un set pueden captar sonidos naturales, a menudo hay ruidos no deseados o la calidad de los sonidos no es lo suficientemente clara.

Los efectos de Foley no solo recrean sonidos realistas, sino que también mejoran la atmósfera general de la película. El sonido de unos pasos en una calle desierta, el roce de un vestido o el sonido de una puerta abriéndose pueden añadir profundidad emocional y reforzar el tono de la escena.

Además, los diseñadores de sonido tienen un control total sobre los efectos creados en un estudio de Foley. Esto les permite experimentar y ser más creativos, asegurando que el sonido se adapte perfectamente a la narrativa y el tono de la producción.

Cada artista Foley tiene su propio estilo, desarrollado con el tiempo y la experiencia. Normalmente, el Foley se graba utilizando técnicas de micrófono cercano, lo que ayuda a enfocar el sonido y reducir los efectos del entorno. Siempre debes grabar sonidos secos (sin efectos). La compresión y la reverberación deben añadirse posteriormente.

Unos ejemplos famosos de efectos Foley pueden ser:

- **"Indiana Jones en busca del arca perdida" (1981)**, donde el característico sonido del látigo fue creado combinando grabaciones de disparos de armas pequeñas y golpes de cuerda amplificados, logrando un impacto sonoro exagerado que reforzaba la acción heroica del personaje.
- **"El caballero oscuro" (2008)**, en la que los sonidos del traje de Batman, como el roce de la capa o el impacto de sus golpes, fueron diseñados mediante Foley utilizando telas gruesas, piel sintética y golpes en sacos de arena, para transmitir fuerza y presencia física.
- **"Ratatouille" (2007)**, donde el equipo de sonido creó los efectos de cocina usando ingredientes reales: cuchillos reales cortando verduras, sartenes silbando al fuego y utensilios manipulados cuidadosamente en un estudio Foley, logrando una experiencia inmersiva y orgánica.
- **"Gladiator" (2000)**, cuyas escenas de batalla están cargadas de Foley: el choque de espadas, armaduras, pasos sobre tierra y gritos fueron recreados minuciosamente en estudio con metal, grava y varios elementos que añadieron realismo y peso emocional a los combates.

Un estudio profesional de Foley tiene varias superficies para realizar efectos de sonido. Estas superficies generalmente incluyen cemento, madera hueca, madera sólida, tierra, mármol o grava. Los tamaños y formas de las superficies varían. Principalmente se usan para grabar pasos, pero se pueden usar para crear muchos más sonidos. Crear estas superficies puede ser un poco complicado. El principal desafío es aislar la superficie incluso del suelo de cemento.

5.1. Cómo construir un estudio de Foley casero

La clave para obtener grandes grabaciones es tener un gran entorno en el que grabarlas. Después de todo, el objetivo de grabar un evento es el sonido del evento y no los alrededores. Y el mejor entorno es un santuario de silencio en el que grabar tus obras maestras.

Un escenario de sonido es una sala diseñada para estar aislada de su entorno, tanto visual como acústicamente. Es decir, no solo están aislados de todas las fuentes de luz, sino que también están especialmente tratados para reducir las reverberaciones de sonido desde el interior y construidos con materiales que amortiguan el sonido para eliminar la filtración de sonido desde el exterior.

Necesitamos tratar una habitación existente tanto para reducir en gran medida la transmisión de sonido hacia y desde el exterior (tanto por nuestro bien como el de nuestros vecinos) y para reducir la reverberación en el interior (acondicionamiento acústico). Una habitación ideal puede ser tan simple como un garaje o un sótano. Un garaje puede funcionar bien si tiene techos altos, lo que proporciona amplio espacio para moverse, y una puerta grande para meter materiales voluminosos para grabar, como los propios coches. Pero las puertas permiten que entren sonidos del exterior y tienden a vibrar durante vientos fuertes. Por otro lado, un sótano tiene paredes rodeadas de tierra, lo que puede ayudar mucho a reducir los sonidos exteriores. Las desventajas incluyen pasos provenientes del piso superior, acceso limitado para materiales grandes y techos más bajos.

5.1.1. Acústica arquitectónica

La acústica arquitectónica es el estudio y diseño de espacios construidos para controlar y optimizar el comportamiento del sonido dentro de esos espacios. Su objetivo es asegurar que el sonido se propague de manera adecuada y satisfactoria en función del uso previsto del edificio. Esto implica considerar cómo se transmiten, reflejan y absorben las ondas sonoras en diferentes entornos.

La forma y el tamaño de las habitaciones afecta a la propagación de las ondas sonoras. Los diseñadores deben considerar la forma de la sala, el tipo de materiales utilizados en las paredes, el techo y el suelo, y la disposición del mobiliario para controlar la reverberación y el eco.

Se utilizan materiales específicos para absorber, difundir o bloquear el sonido. Por ejemplo, paneles acústicos, alfombras y cortinas pueden ayudar a reducir la reverberación, mientras que materiales como el vidrio y los paneles de madera pueden afectar la forma en que el sonido se refleja.

La instalación de materiales apropiados mejora la calidad del sonido en un espacio. Esto puede incluir paneles de absorción para reducir la reverberación, difusores para dispersar las ondas sonoras y materiales aislantes para prevenir la transmisión de sonido entre habitaciones.

Además, la acústica arquitectónica también se centra en minimizar el ruido no deseado de fuentes externas, como el tráfico o la maquinaria, mediante el uso de barreras acústicas y el aislamiento adecuado de ventanas, puertas y paredes.

Diferentes tipos de espacios requieren distintos enfoques acústicos. Por ejemplo, una sala de conciertos necesita una acústica que favorezca la claridad del sonido y la proyección, mientras que una oficina busca minimizar el ruido de fondo para mejorar la concentración.

Antes de construir, se pueden utilizar herramientas de simulación acústica (como el software EASE) para prever cómo se comportará el sonido en el espacio diseñado. Después de la construcción, se realizan mediciones acústicas para ajustar el tratamiento y garantizar que se cumplan los objetivos acústicos.

5.1.2. Diseñando un estudio en una habitación o garaje

El objetivo de tu estudio de Foley es sellar acústicamente la habitación. Ten en cuenta que no podrás hacerlo completamente sin gastar una fortuna. Sin embargo, puedes reducir los efectos del entorno lo suficiente como para tener un lugar adecuado para grabar.

Primero, elimina las principales fuentes de filtración de ruido localizando agujeros acústicos. Recuerda que el sonido es el movimiento del aire. Si es posible el movimiento del aire, también lo será el sonido. En la habitación no suele haber grietas, pero si están en el garaje, apaga las luces. Si puedes ver luz diurna, excepto a través de una ventana, entonces podrás oír el sonido filtrándose por el mismo lugar. Revisa alrededor de las ventanas y los marcos de las puertas.

En el caso de tener paredes delgadas, necesitarás reforzar la estructura de la habitación añadiendo capas de aislamiento. El sonido es energía acústica que disminuye al incidir en materiales con altas capacidades de absorción. Cuanto más grueso sea el aislamiento que uses, mejores resultados obtendrás. Si estás en el garaje, puede que necesites colocar una capa de aislamiento en el techo para reducir el ruido que entra por las rejillas de ventilación u otros agujeros.

Una vez que hayas tratado la estructura, cubre las paredes interiores con telas que absorban el sonido. Coloca una capa de mantas de sonido sobre todas las paredes y el techo. Esto ayudará a reducir la reverberación y a aislar la habitación.

Además de las mantas de sonido, necesitarás una capa de espuma acústica para ayudar a amortiguar la habitación. Dado que el sonido seguirá rebotando en las superficies hasta que pierda energía, necesitas colocar material absorbente en todas las paredes y el techo. Ten en cuenta que no es necesario cubrir cada centímetro para reducir la reverberación, pero una combinación de mantas de sonido y paneles de espuma te dará los mejores resultados sin tener que recurrir a un arquitecto o ingeniero acústico profesional. Al igual que con el aislamiento, cuanto más grueso sea el material, mejores serán los resultados.

En cuanto a la puerta del garaje, es posible que necesites usar algo de ingenio y esfuerzo para evitar que vibre durante ráfagas de viento. Las soluciones incluyen colocar objetos grandes y pesados contra la puerta, fijarla a las paredes del garaje con abrazaderas y usar cuerdas elásticas para tensarla. Para el tratamiento acústico, usa una o dos capas de mantas de sonido antes de aplicar espuma para ayudar a amortiguar la puerta.

Para el suelo necesitarás una pieza gruesa de alfombra o similar. Esto ayuda a detener el sonido reflejado que rebota en el suelo y entra en el micrófono milisegundos después de que se graba el sonido directo. No claves ni pegues la alfombra porque a veces querrás poder exponer el suelo natural de tu habitación o garaje para poder grabar pasos y otros movimientos, o aplastar frutas y verduras para producir sonidos realistas de salpicaduras, así como sonidos más destructivos como choques e impactos.

Nunca se puede exagerar con la reducción de sonido para un estudio de Foley. Si has hecho bien tu trabajo, tus oídos deberían estar extrañados por la ausencia de sonido. Ten en cuenta que los sonidos fuertes como sirenas de ambulancias o el tubo de escape de algunas motocicletas aún pueden filtrarse en tu habitación. Simplemente detente entre grabaciones y espera a que el sonido pase.

5.2. Superficies y materiales de Foley

Los estudios profesionales de Foley tienen zonas de tierra y grava excavados en el suelo de su escenario. Esto probablemente no sea una opción por razones de presupuesto, así que simplemente coloca una gran cantidad de grava sobre una alfombra gruesa. Cuanto más gruesa sea la alfombra, menor será el impacto sólido que obtendrás del cemento. La desventaja de este arreglo es que tendrás que limpiarlo.

El mismo método se puede aplicar a la tierra. Necesitarás usar una capa considerablemente gruesa de tierra para que suene convincente y reducir el sonido de la superficie debajo. Para texturas con sonido más áspero, añade paja y hojas a la tierra. Si la tierra levanta mucho polvo, rocíala con un poco de agua. Para una superficie de barro, simplemente añade más agua.

Si puedes permitirte perder espacio en el estudio, prepara una zona de cemento y fórrala con alfombras o mantas acústicas. Luego, vierte tu tierra o grava. Para ser más eficiente en el uso del espacio, podrías colocar una hoja de madera contrachapada encima del cemento y hacer de eso una superficie de madera hueca.

Otra cosa, no tires nada sin preguntarte si puede ser usado como accesorio de Foley. Te sorprenderá cuánto puedes acumular. Botellas de vidrio, envases de pastillas, cajas y revistas son algunas de las muchas cosas que puedes usar en Foley.

Los desguaces son minas de oro para los accesorios. La mayoría de los desguaces están dispuestos a deshacerse de un capó o guardabarros dañado que puedes llevar de vuelta a tu estudio.

Los objetos antiguos tienden a ser más ruidosos. Los chirridos y crujidos de metal se pueden producir remojando una bisagra de puerta en una taza de agua y dejándola oxidar. Los palés de madera, como los que se encuentran en sitios de construcción o tiendas de comestibles, son excelentes para superficies de madera que suenan envejecidas. Una pila de palés de madera puede ser una gran superficie para caminar. Los crujidos y otros sonidos de tensión se pueden crear desalineando el palé superior.

Ve a tiendas de baratijas. Todo el material es muy barato, y esto puede significar mucho cuando necesitas mucho vidrio que planeas romper. Habla con el dueño de la tienda para que te guarde todos los productos que lleguen defectuosos para que te los venda a mitad de precio, lo que nos ahorra dinero a ambos. Los productos alimenticios también pueden ser excelentes fuentes para efectos de sonido.

Detente un tiempo en la tienda y recorre los pasillos tocando y moviendo los productos en los estantes. Puede que no te miren bien, pero es mejor saber cómo suena algo antes de comprarlo. Este ejercicio te ayudará a abrir tu mente a los objetos comunes que ya podrías tener en casa. La mitad del trabajo de grabar efectos de sonido es encontrar cosas para grabar. Puedes encontrar miles de artículos e ideas bajo un mismo techo en tiendas de segunda mano.

Tanto si has comprado tus materiales a precio completo en una ferretería como si has encontrado una ganga en una tienda de baratijas, obtendrás el mejor rendimiento por tu dinero si guardas los escombros de tus objetos después de destruirlos. Separa cada material en su propio contenedor. Separa el vidrio en diferentes contenedores según el tipo. Por ejemplo, el vidrio de una botella de 1 litro de agua suena completamente diferente al de las bombillas.

5.3. Consejos para diseñar sonido Foley

Graba con tus oídos y no con tus ojos. Cuando busques objetos, no pienses en el objeto que buscas. En su lugar, piensa en el sonido que buscas. Algunos objetos pueden ser imposibles de encontrar o ni siquiera existir. Cuando consigas nuevos objetos, gíralos, muévelos, sacúdelos, déjalos caer y frótalos contra otros objetos. Aprende el sonido de los objetos. Olvida cómo se ven. Al oyente no le importará de qué color es, solo cómo suena.

También es importante **cómo sostengas los objetos**, porque puede afectar cómo suenan. Comienza por los bordes. Normalmente sostener los objetos por el medio puede silenciar el sonido. Otras veces, precisamente sostenerlos por el centro permitirá que el resto del objeto haga el sonido. Experimenta sujetando los objetos por diferentes sitios.

Cómo agarres los objetos también puede afectar el sonido. Sostener un objeto ligeramente permite que resuene o vibre más. Agarrarlo con firmeza amortiguará el sonido. Estresar los objetos es una excelente manera de producir sonido. Algunos objetos parecen cobrar vida cuando los mueves más lentamente, mientras que otras necesitan movimientos más rápidos para producir sonidos más interesantes. Nuevamente, experimenta.

Otro buen consejo que puedo darte es que el equipo de seguridad debe usarse cuando sea necesario. Usa una mascarilla durante las sesiones de choque que puedan producir polvo y escombros dañinos. Protege tus ojos con gafas de seguridad para evitar el contacto con escombros voladores. A veces, necesitarás usar guantes para proteger tus manos de vidrios, astillas y otros objetos afilados. Los guantes de algodón son más silenciosos que los de cuero, pero no protegerán tus manos completamente de cortes.

Con una habitación completamente separada del ruido exterior, solo hay una fuente potencial de sonido no deseado: tú. **Siempre ten en cuenta el ruido que**

haces. Usa ropa que no tenga cremalleras ruidosas ni telas que hagan ruido cada vez que te muevas. Los pantalones de chándal son una gran opción, pero los vaqueros también sirven. La idea es tener ropa suelta que te permita moverte libremente sin afectar la grabación. Usa zapatos cómodos, pero no grandes y voluminosos. Cuidado con los cordones largos que pueden golpear tus zapatos cuando te muevas. También evita usar joyas que tintineen o rocen contra los accesorios (relojes, anillos, collares, etc.).

Evita grabar con el estómago vacío. Los micrófonos son muy sensibles y captarán los sonidos de tu estómago. Si trabajas hasta tarde y no tienes tiempo para un descanso, es buena idea llevar algo para comer para calmar tu estómago.

Apaga tu teléfono móvil por completo. Los teléfonos móviles crean interferencias en el equipo de grabación, incluso cuando están en modo vibración. Cuando estés listo para grabar, apaga tu teléfono. Si tienes que dejarlo encendido, colócalo lejos del equipo de grabación.

Las toallas, trapos, mantas de sonido... Se pueden usar como **amortiguadores para reducir las vibraciones en los accesorios con los que trabajas**. También se pueden usar para separar los accesorios de las superficies sobre las que trabajas. Colocar una toalla dentro de un accesorio para amortiguar la resonancia funciona bajo el mismo principio que colocar una toalla dentro de un bombo de una batería. Si colocar un amortiguador encima de un accesorio no te da los resultados que deseas, prueba colocar un peso encima del amortiguador.

EL ESTUDIO
DE EDICIÓN

6

Un estudio es, por definición, un espacio donde un artista ejerce su creatividad. Un buen estudio es un equilibrio entre ambiente, inspiración y tecnología. Si trabajas en casa, elige una habitación que esté lo más alejada posible del caos de la vida cotidiana.

El estudio de edición afectará la forma en que escuchas el sonido. La acústica de la habitación necesitará ser tratada para proporcionar un entorno de escucha bien equilibrado. Además, querrás tener una habitación que aísle tus oídos del mundo exterior.

Es importante tener una habitación que mantenga las distracciones externas fuera y que mantengas el sonido de la habitación dentro. Convierte un dormitorio en un estudio. Si tu espacio y presupuesto son limitados, un dormitorio puede ofrecer resultados utilizables. Desafortunadamente, los dormitorios generalmente tienen cuatro paredes que se enfrentan, y la reverberación se acumula más rápido y más fuerte en habitaciones con paredes paralelas (simétricas). Necesitarás tratar las paredes con algo de espuma acústica para reducir la reverberación de la habitación.

Usa paneles acústicos en algunas o todas las paredes. No es necesario cubrir toda la superficie; el objetivo es evitar dejar superficies vacías enfrentadas. Las alfombras pueden ayudar a reducir las reflexiones del techo. Un sofá o sillas con tela también pueden reducir la acumulación de frecuencias medias-altas.

Reemplazar la puerta del dormitorio con una puerta de madera maciza reducirá la cantidad de sonido que entra y sale de la habitación. Una puerta acústica será la más efectiva, aunque no la más estéticamente agradable ni la más barata.

Intenta evitar usar escritorios o muebles que vibren, traqueteen o emitan un timbre metálico cuando el sonido se reproduzca a través de tus altavoces. El propósito de tu estudio es dar a tus oídos la representación más precisa del sonido que permite tu habitación. Incluso la más mínima resonancia de los muebles u objetos metálicos puede afectar negativamente cómo tus oídos perciben el sonido verdadero.

Coloca materiales absorbentes de sonido dentro de espacios grandes vacíos para ayudar a reducir la acumulación de bajas frecuencias. Esto incluye armarios vacíos, que permiten que el sonido entre y resuene. Amortigua las superficies metálicas con tela. También evita estanterías y mesas de vidrio que pueden traquetear cuando se reproducen bajas frecuencias.

6.1. Control de ruido e iluminación dentro del estudio

Ahora que has hecho tu mejor esfuerzo para reducir la cantidad de sonido que proviene del exterior de la habitación, hablemos de los sonidos producidos dentro de la habitación. Los ventiladores del ordenador casi siempre son un problema. El ruido blanco que generan puede ser relajante, pero a menudo pueden enmascarar los sonidos de tus monitores. Esto es especialmente cierto para los siseos y ruidos de fondo. El entorno de escucha debe mantenerse lo más puro posible.

Dónde coloques tu ordenador puede solucionar el problema. Colocarlo debajo del escritorio ayuda a reducir el sonido directo. Un armario eliminará el sonido por completo, pero el ordenador puede sobrecalentarse al estar en un espacio cerrado con poca o ninguna ventilación.

Una solución profesional sería usar una caja de aislamiento. Estas cajas eliminan por completo el sonido del ordenador y permiten el acceso a todos los puertos y cables necesarios. Los modelos de gama alta ofrecen medidores de temperatura para mostrar el calor dentro de la caja e incluyen ventiladores internos para alejar el calor del ordenador.

Por otro lado, piensa que limitar o desactivar uno de tus sentidos hará que los otros se vuelvan más sensibles. Al tratar con el sonido, querrás agudizar tu sentido del oído, y una forma de hacerlo es trabajar en áreas con poca iluminación. **Ayuda a tus oídos a concentrarse**. La iluminación indirecta funciona mejor para establecer el ambiente adecuado y también para reducir el resplandor no deseado de los monitores de tu ordenador.

6.2. Cómo editar sonido

La edición de sonido es el proceso de recortar, cortar y preparar audio.

Cada sonido necesita un nombre descriptivo al no haber una referencia visual que indique el contenido del archivo. **Sé lo más descriptivo posible al nombrarlo**. Debes nombrar el sonido por lo que suena y no por lo que se grabó. Por ejemplo, si grabas el movimiento rápido de un trapo de cocina y suena como el aleteo de un murciélago, nombra el sonido como "murciélago" o "trapo cocina, murciélago".

Recuerda, el cerebro no puede ver lo que se grabó. Solo puede interpretar lo que escucha basado en sus recuerdos de otros sonidos. Este concepto es tu primer paso en el mundo del diseño de sonido. A medida que desprogramas tu mente para olvidar lo que ve con tus ojos y la reprogramas para "ver" con tus oídos, descubrirás una nueva dimensión en el proceso de grabación de efectos de sonido. Después de adquirir experiencia editando archivos utilizando este principio, te encontrarás pensando de manera diferente mientras grabas. Y más importante aún, comenzarás a escuchar de manera diferente.

6.2.1. Guarda el material constantemente

No hay nada más frustrante que crear la mezcla perfecta o el sonido ideal, y que luego tu DAW se congele o, peor aún, el ordenador se apague.

Tu mejor defensa contra la pérdida de tu trabajo es guardar tan a menudo como puedas. Un buen hábito es guardar (CTRL+S) cada vez que hagas un cambio significativo en la sesión. Esto incluye cambios importantes de nivel, ajustes de plugin o reorganización de pistas.

Las estaciones de trabajo suelen tener la función de guardado automático. Aunque esto es un buen comienzo, no siempre es una solución infalible. Cada vez que alcances un hito en tu trabajo, **asegúrate de guardar**.

6.2.2. Trabaja de manera no destructiva

Las estaciones de trabajo ofrecen un entorno no destructivo para trabajar. Es decir, puedes volver atrás en el caso de que no te convenzan los cambios. Sin embargo, a veces tienes la opción de abrir un archivo desde la DAW en un editor de audio para hacer cambios. Los cambios que hagas en el archivo en tu editor serán permanentes al guardarlo porque trabajas con el archivo original y, por lo tanto, son destructivos. Ten cuidado con esto.

Como recomendación: Nunca edites los archivos originales que grabes. Guarda diferentes archivos de sesión para diferentes mezclas. Esto deja abierta la opción de volver a una mezcla anterior en el caso de necesitarlo.

6.2.3. Copia los archivos de medios de tus sesiones

Un archivo de sesión es una lista de edición, es decir, el archivo apunta al lugar donde están almacenados los archivos en tu disco duro. Dicho de otra manera: No están incrustados en el proyecto, sino que hace referencia a un archivo externo. Al copiar los medios utilizados a la misma carpeta que tu archivo de sesión, mantienes todos los componentes necesarios para trabajar con esa sesión nuevamente. Esto también proporciona una ubicación conveniente desde la cual grabar una copia de seguridad de la sesión con todos los medios.

Cuando lleves una sesión a otra estación de trabajo o al estudio de otra persona, debes llevar también los archivos de medios.

Copiar archivos de medios de las sesiones es una manera perfecta de proteger tu mezcla para el futuro. Podrás ajustar la sesión o incluso añadir o eliminar pistas en una fecha posterior. Nunca se sabe cuándo podrías querer revisar una antigua sesión estéreo y remezclarla en una mezcla envolvente, por ejemplo.

6.2.4. Recorta los audios

Cuando guardes tus efectos de sonido como un archivo de audio, asegúrate de eliminar cualquier silencio del principio y del final del archivo. Esto ahorra espacio en el disco duro y garantiza que cuando el archivo se cargue el sonido comience inmediatamente.

6.2.5. Mantén el campo estéreo equilibrado

Al editar sonidos estéreo, asegúrate de que el campo estéreo esté equilibrado. Los ambientes y otros sonidos continuos pueden sonar desbalanceados si el campo estéreo no está equilibrado. Si el sonido aparece más en el canal izquierdo, utiliza el panoramizador del canal (ver capítulo "La estación de trabajo" más adelante) que esté equilibrado con el canal derecho, o viceversa.

Para otros sonidos desbalanceados donde el aspecto estéreo no es críticamente importante, puedes convertir el archivo de estéreo a mono.

6.2.6. No cortes tus sonidos

Los efectos de sonido deben tener un inicio y un final natural. Cortar el sonido en cualquiera de los extremos llamará la atención. **La mejor edición es la que no se nota**. Se necesita práctica, pero con el tiempo desarrollarás un sexto sentido para encontrar un punto natural para comenzar y terminar el efecto de sonido.

Encuentra el punto donde comienza el sonido. Esto puede ser complicado cuando trabajas con sonidos que tienen un principio lento. Puedes usar desvanecimientos con moderación al principio para suavizar el sonido (fade in), pero es mejor mantener estos desvanecimientos cortos. Para impactos, disparos u otros sonidos con un punto de inicio obvio, haz el corte justo antes del pico en la forma de onda.

Cuando trabajes con sonidos que tienen errores o material indeseado al principio, comienza un desvanecimiento corto después de la imperfección en el sonido. Por ejemplo, supongamos que tienes una grabación de alguien corriendo sobre hielo y luego deslizándose con los pies. Si solo quieres conservar el sonido del deslizamiento, tendrás que cortar los pasos, pero podría haber el sonido de un último paso al inicio del deslizamiento. Para corregir esto, comienza con un *fade in* corto después del paso para obtener un sonido limpio de raspado/deslizamiento sobre hielo.

Encontrar un buen punto de inicio es relativamente fácil. El punto de finalización es donde las cosas pueden complicarse. La regla general aquí es permitir que el sonido termine y luego cortar o desvanecer (fade out). Por ejemplo, si rompes un vaso, deja que los restos se asienten antes de cortar. Te sorprenderá cuánto tiempo puede seguir moviéndose un solo pedazo de escombro.

Algunos sonidos no terminan o duran demasiado, como el paso de una moto acuática. El sonido que quieres podría durar solo unos segundos, pero probablemente aún podrás escuchar el sonido del motor alejándose por otro minuto y el fondo del entorno (olas rompiendo, otros barcos, etc.) comienza a hacerse notable. Deja que ocurra el evento y luego haz un *fade out* de varios segundos para enviar la moto acuática al infinito. Hacer esto reducirá cualquier sonido de fondo notable y aún mantendrá el punto focal principal del efecto de sonido.

Un desvanecimiento normal para un efecto de sonido es de uno a cuatro segundos. Si estás trabajando con el sonido de una máquina que no tiene inicio ni apagado, desvanece el sonido en un segundo (fade in), da al sonido una duración de un minuto o dos (o más si lo necesitas) y luego desvanece el sonido por cuatro segundos (fade out).

Los efectos de sonido deben editarse para que puedan usarse más de una vez. No pienses solo en el uso inmediato del efecto de sonido. Trata de mantener el sonido lo más objetivo posible. Esto te dará más control sobre su uso en tu producción.

6.2.7. Elimina los clics y pops no deseados

Debido a que la forma de onda está compuesta por tasas de muestreo, necesitas hacer tus cortes en los puntos correctos. Los clics y pops ocurren cuando la forma de onda se rompe al realizar cualquier corte en la edición. Las frecuencias graves son más difíciles de cortar que las frecuencias altas. Debido a que son ondas más grandes con picos más alejados entre sí. Las frecuencias más altas son más delgadas, por lo que sus picos están más juntos.

El desvanecimiento cruzado (*crossfade*) es una técnica que puede reducir los clics y pops no deseados. Es decir, los dos bordes del corte se desvanecen de forma cruzada (un *fade in* más un *fade out*) para eliminar cualquier clic y pop.

Hay plugin que buscan y eliminan automáticamente los clics de un archivo de audio. Estos plugin pueden ser útiles, pero no son 100% precisos. También pueden causar *aliasing* (se introducen artefactos) en el punto del clic restaurado. La mejor defensa contra los clics es hacer el corte donde no se produzca un desfase en la onda.

Además, la corrupción de archivos también puede causar fallos en el audio digital. Es posible que necesites volver a la fuente original para corregir estos fallos o editarlos por completo.

6.2.8. Usa ingenio al hacer los cortes

Saber dónde hacer el corte es lo que te convertirá en un gran editor. Hay muchas cosas a considerar, como el ritmo, el contexto y la eliminación de errores. Lo que viene antes y después del corte también puede determinar cómo se debe hacer el corte. La idea detrás de una edición es unir dos secciones eliminando o insertando otra sección. Recuerda, el corte solo funciona si pasa desapercibido.

El ritmo dentro del efecto de sonido puede dar una sensación de urgencia o incluso un sentido de impulso. La grabación en sí generalmente determina el tiempo de un sonido, pero una buena edición puede **alterar el ritmo**. Cuando hay más de un componente en el efecto de sonido, también es importante decidir la duración apropiada para cada componente en relación con los otros.

Si hay silencio antes y después del punto de corte, solo necesitas preocuparte por el tiempo entre las secciones. Por ejemplo, sacar el perno de una granada, lanzar la granada y la explosión son esencialmente tres sonidos separados que componen un evento. Si estás uniendo sonidos pre-editados separados para crear un solo sonido, el ritmo se convierte en el problema. Simplemente cortar estos sonidos uno tras otro puede hacer que suenen apresurados y como un sonido de caricatura.

Una corta duración entre sacar el perno y lanzar la granada crea una sensación de urgencia. Una duración más larga puede parecer más dramática y calculada. La duración entre el lanzamiento y el aterrizaje de la granada comunica distancia. Una corta duración hace que parezca que la granada aterrizó cerca, y una duración más larga naturalmente sugiere un lanzamiento mucho más largo. El momento en que la granada explota también puede añadir suspense.

Puedes usar el ritmo para indicar velocidad. Por ejemplo, la grabación de un solo movimiento de una hélice de ventilador puede ser copiada y las copias colocadas juntas para crear la sensación de velocidad rápida, o más separadas para un efecto de ralentización. Con los pasos, puedes comunicar el tiempo. Puedes hacer que la persona suene apresurada, relajada o incluso herida. **El tiempo lo es todo**.

6.2.9. Manejo de errores

Los errores ocurren naturalmente durante el proceso de grabación. A veces, el error se encuentra en medio del sonido, pero el principio y el final del archivo están bien. En lugar de descartar todo el sonido, puedes eliminar el contenido no deseado.

Por ejemplo, si dejas caer un cuenco de cerámica y uno de los trozos golpea un objeto metálico cercano que claramente no forma parte del efecto, necesitarás eliminar ese golpe metálico para que tu efecto de sonido sea puro. Reproduce el sonido hasta que escuches el impacto no deseado, que aparecerá como un pico en la forma de onda. Selecciona el audio con el golpe metálico y elimínalo. Luego, verifica el punto de edición en busca de clics y pops.

Otro ejemplo de un error podría ser un claxon de automóvil sonando en el fondo. Si la toma es un efecto de sonido constante (por ejemplo, un ambiente), puedes cortar la sección con el claxon y desvanecer las dos secciones restantes. Esto mezclará el corte y lo hará más natural.

6.2.10. Exceso de volumen

A principios de los 90, los ingenieros comenzaron a subir los límites de la grabación digital en el CD. Esto significaba que las canciones eran comprimidas y masterizadas hasta llegar a su máximo. Esta subida de nivel **reducía inevitablemente el rango dinámico** debido a la compresión del audio. El motivo por el que se subía el nivel era para llamar la atención más que el resto. Lo que siguió fue una serie de productores de discos pidiendo a los ingenieros que subieran los límites de la compresión para que sus discos sonaran más fuertes en la radio que otros discos.

Afortunadamente, ya existe un estándar para el volumen general. Pero depende de las cadenas de televisión, estaciones de radio o plataformas streaming el implementarla o no.

Al crear efectos de sonido, es importante mantener un buen rango dinámico. Los efectos de sonido pueden equilibrarse con el resto del audio en tus producciones más adelante. Es decir, debes mantener un equilibrio saludable de dinámica y compresión.

La exposición prolongada a volúmenes altos dañará permanentemente tus oídos. Una vez que pierdes la audición, nunca la recuperas. **Más fuerte no significa mejor**. Escucha siempre a niveles moderados.

Puedes editar a un volumen moderado con sonidos que tienen niveles intensos, como explosiones. Si editas durante largos períodos de tiempo y tus oídos comienzan a doler, estás escuchando a volúmenes peligrosos. Cuando tengas dudas, baja el volumen.

6.2.11. Ecualiza y normaliza

Ecualiza para equilibrar el sonido. Generalmente, se usa ecualización sustractiva para reducir el ruido de fondo no deseado o frecuencias intrusivas. La ecualización aditiva se usa para aumentar o realzar frecuencias que faltan o para dar un efecto particular. Se debe usar compresión ligera para mantener el sonido equilibrado en términos de amplitud.

Normaliza el audio a −0.5dB. No es necesario normalizar ambientes o fondos sonoros; los puntos máximos que varían entre −18dB y −6dB son aceptables para estos tipos de sonidos. Finalmente, nombra el sonido de la manera más descriptiva posible.

ALTAVOCES

Todo lo que se ha dicho hasta ahora no tendría sentido si no pudiésemos escuchar lo que estamos diseñando. Así, en un estudio de diseño de sonido, *la elección de altavoces es una de las decisiones más importantes para garantizar una monitorización precisa, una mezcla equilibrada y un diseño sonoro fiel a lo que luego se escuchará en otros sistemas de reproducción.* Existen distintos tipos de altavoces, comúnmente llamados monitores de estudio, diseñados específicamente para cumplir con los requisitos técnicos y acústicos de los profesionales del sonido. A diferencia de los altavoces de consumo, que muchas veces colorean el sonido para hacerlo más agradable al oyente promedio, los monitores de estudio están diseñados para ofrecer una respuesta plana, es decir, una reproducción del sonido lo más fiel posible a la fuente original, sin exagerar frecuencias ni ocultar detalles.

7.1. Componentes más importantes

Los componentes principales de los altavoces de estudio, especialmente el tweeter, el woofer, y otros como los puertos de graves y los crossovers, son fundamentales para entender cómo se comporta un monitor de estudio y cómo influye en el diseño sonoro profesional. Vamos a verlo:

7.1.1. Tweeter

El tweeter es el componente encargado de reproducir las frecuencias agudas del espectro audible, generalmente desde unos 2 kHz hasta los 20 kHz o incluso más en algunos casos. Su función principal es ofrecer la máxima precisión en la representación de los detalles más finos del sonido, como transitorios, texturas, reverberaciones y espacialidad. Un buen tweeter debe ser rápido, preciso y tener una dispersión controlada para mantener una imagen estéreo clara y estable.

Existen varios tipos de tweeter, siendo los más comunes los dome tweeters (cúpula blanda o metálica) y los tweeters de cinta. Los de cúpula blanda tienden a tener un sonido suave y detallado sin resultar fatigantes. Los de cúpula metálica, en cambio, pueden ofrecer más brillo y definición, aunque en algunos casos se perciben más agresivos. Por otro lado, los tweeters de cinta o ART (Accelerated Ribbon Technology), utilizan una membrana ultrafina que se mueve por el principio de inducción magnética y proporciona una respuesta excepcionalmente rápida, con una reproducción de agudos extremadamente precisa y aireada.

Este tipo de tweeter es muy valorado en diseño sonoro por su capacidad para resaltar los matices de ambientes, reverbs y efectos complejos.

7.1.2. Woofer

El woofer es el componente que se encarga de reproducir las frecuencias graves y medias. En los monitores de campo cercano (ver a continuación), suelen cubrir desde unos 40-60 Hz hasta unos 2 kHz, dependiendo del diseño del altavoz y del filtro de cruce. El tamaño del woofer influye directamente en su capacidad para generar graves profundos. Un woofer de 5 pulgadas puede tener dificultades para reproducir frecuencias muy bajas con fuerza, mientras que uno de 7 o 8 pulgadas puede extenderse mejor en el extremo grave.

Los woofers suelen estar hechos de materiales como papel tratado, polipropileno, kevlar o compuestos sintéticos. Cada material tiene un impacto diferente en la rigidez, el peso y la capacidad de respuesta del cono. Un woofer más rígido puede ofrecer mayor definición en transitorios, mientras que uno más flexible puede tener un sonido más cálido. En diseño sonoro, el woofer es muy importante para sentir el impacto de los efectos de baja frecuencia, como explosiones, zumbidos, drones o el diseño de voces de las criaturas fantásticas.

7.1.3. Midrange (en monitores de 3 vías)

En monitores de tres vías existe un tercer componente específico para las frecuencias medias. Esto permite dividir mejor el espectro sonoro, de modo que cada componente esté dedicado a una parte más estrecha del rango de frecuencias. Los medios son críticos en el diseño de sonido porque es ahí donde se concentra gran parte de la información auditiva más relevante: diálogos, efectos, ruido de fondo, articulaciones, transiciones, etc. Un altavoz con un driver específico para medios suele ofrecer una claridad y separación que resulta especialmente útil en mezcla cinematográfica o broadcast.

7.1.4. Puertos de graves (Bass reflex)

Muchos altavoces tienen puertos de graves que ayudan a extender la respuesta en bajas frecuencias mediante un diseño de tipo bass reflex. Estos puertos permiten que el aire generado por el movimiento del woofer escape de forma controlada, reforzando así las frecuencias bajas. Están ubicados en la parte trasera o frontal del monitor, y su posición puede afectar la colocación en la sala, ya que los puertos traseros requieren cierta distancia respecto a la pared para evitar acumulación de graves, mientras que los frontales ofrecen más flexibilidad en espacios reducidos. El diseño del puerto también afecta la precisión de los graves: un puerto mal ajustado puede producir resonancias o compresión del sonido.

7.1.5. Crossover o filtro divisor de frecuencias

El crossover es un circuito (analógico o digital) que divide la señal de audio en varias bandas de frecuencia y las dirige al componente correspondiente: graves al woofer, agudos al tweeter y, si lo hay, medios al midrange. En monitores activos modernos este filtro suele ser muy preciso y está optimizado para el diseño de cada altavoz. Un crossover bien diseñado es fundamental para que la transición entre frecuencias no genere huecos o superposiciones que distorsionen la imagen sonora. En algunos modelos el crossover puede ser ajustado digitalmente según la respuesta real de la sala, lo que mejora significativamente la fidelidad del monitoreo.

7.2. Tipos de monitores de estudio

Los monitores de estudio se dividen en dos grandes categorías según su ubicación y uso dentro del entorno de trabajo: los monitores de campo cercano (nearfield monitors) y los monitores de campo medio o lejano (mid-field y far-field monitors).

Los monitores de campo cercano son los más comunes en estudios pequeños y medianos, ya que están diseñados para ser colocados a corta distancia del oyente, generalmente entre uno y dos metros. Su principal ventaja es que reducen la influencia acústica de la sala, ya que el sonido llega directamente desde los altavoces al oyente sin interactuar tanto con las paredes, el techo o el suelo. Esto permite una escucha más precisa en espacios no tratados acústicamente o con tratamiento limitado, lo cual es ideal para muchos diseñadores de sonido que trabajan desde estudios personales o salas de postproducción más compactas.

Los monitores de campo lejano, en cambio, están diseñados para instalaciones profesionales con salas de mayor tamaño y con un tratamiento acústico avanzado. Estos altavoces se montan normalmente empotrados en la pared frontal del estudio, a una distancia considerable del oyente. Ofrecen una mejor representación del espectro completo, incluyendo frecuencias muy bajas, y una imagen estéreo más amplia. También son útiles para entender cómo sonará una mezcla en sistemas de reproducción grandes, como cines, teatros o entornos de sonido envolvente multicanal. Sin embargo, debido a su tamaño, potencia y necesidad de un entorno acústicamente controlado, no son la mejor opción para todos los estudios. En el campo del diseño de sonido, especialmente en proyectos de cine, televisión, videojuegos y experiencias inmersivas, los monitores de campo lejano son fundamentales para tener una referencia realista del producto final.

Dentro de estas categorías, hay distintos tipos de altavoces según su diseño técnico. Los más comunes en los estudios son los monitores activos, que llevan amplificadores integrados, lo que facilita su instalación y asegura que el sistema de amplificación está optimizado para los componentes del altavoz. También existen monitores pasivos, que requieren un amplificador externo, aunque hoy en día son menos comunes en entornos de trabajo modernos. Otro factor clave es el tipo de transductor o driver utilizado. Los diseños más habituales incluyen altavoces de dos vías (un woofer para graves y medios, y un tweeter para agudos) y de tres vías (añadiendo un driver específico para medios), lo cual mejora la precisión al separar las distintas bandas de frecuencia entre componentes dedicados.

Otro aspecto que ha ganado importancia en el diseño de sonido moderno es la monitorización multicanal, especialmente en el contexto del audio inmersivo. Esto incluye configuraciones como 5.1, 7.1 o formatos más avanzados como Dolby Atmos, donde se utilizan altavoces adicionales tanto a nivel del oído como en el techo o paredes laterales. En estos casos, la elección y ubicación de cada altavoz es crítica para lograr una espacialización precisa y una reproducción coherente del entorno sonoro tridimensional. La monitorización en estas configuraciones suele requerir altavoces que sean consistentes entre sí en términos de respuesta en frecuencia y dinámica, además de estar calibrados correctamente en la sala.

En términos prácticos, para un diseñador de sonido que trabaja en mezcla estéreo o multicanal en un espacio pequeño o mediano, la mejor opción suele ser comenzar con un par de monitores de campo cercano, preferentemente activos, con una respuesta en frecuencia lo más plana posible. Si el presupuesto lo permite, añadir un subwoofer calibrado adecuadamente puede ayudar a extender la respuesta en graves y evaluar mejor la energía de las frecuencias bajas, lo cual es fundamental en efectos de sonido cinematográficos o en diseño de bajos para videojuegos. En estudios más grandes, o en instalaciones donde se diseñan mezclas para cine o realidad virtual, lo ideal es contar con un sistema híbrido que incluya tanto monitores de campo cercano para trabajo detallado como monitores de campo medio o lejano para evaluación global.

7.3. Selección de monitores según presupuesto

En esta sección te dejo una muestra de monitores de estudio recomendados para diseño de sonido, organizada por rangos de presupuesto y separada en categorías como campo cercano y campo medio/lejos, además de recomendaciones de subwoofers y algunas notas sobre monitorización multicanal si se trabaja con formatos como 5.1 o Atmos.

7.3.1. Presupuesto bajo

Comenzando por la gama baja, uno de los monitores de estudio más conocidos es el Yamaha HS5, también disponible en un modelo ligeramente más grande, el HS7. Estos altavoces ofrecen una respuesta bastante plana, lo que los hace una buena opción para quienes están comenzando en el mundo del diseño de sonido o trabajan en estudios caseros. Tienen una excelente definición en medios y agudos, aunque su capacidad para reproducir frecuencias bajas es limitada, especialmente en el modelo HS5, lo cual puede compensarse añadiendo un subwoofer más adelante. Son ideales para espacios pequeños y ofrecen una muy buena relación calidad-precio.

Otra opción popular en este rango es el KRK Rokit 5 G4, conocido por su sonido con graves más enfatizados. Este carácter más colorido puede ser útil para quienes trabajan en sonido para videojuegos o música con muchos efectos en baja frecuencia, aunque no es tan neutral como el Yamaha. Incorpora una pantalla LCD trasera que permite ajustar la ecualización con precisión y adaptar la respuesta del altavoz a la sala, lo cual es un plus en espacios no tratados acústicamente.

En esta misma gama de precios podemos encontrar el JBL 305P MkII, que se ha ganado una excelente reputación por su imagen estéreo amplia y una respuesta bastante equilibrada. Aunque su respuesta en graves también es limitada debido al tamaño del woofer, su reproducción espacial y definición en medios lo convierten en uno de los monitores económicos más recomendados para diseño de sonido, especialmente en edición, diálogos y ambientes.

7.3.2. Presupuesto medio

Subiendo de presupuesto, en la gama media encontramos opciones semiprofesionales con un rendimiento más avanzado. Los Adam Audio A5X, y más recientemente la línea T (como el T7V), ofrecen un tweeter de cinta característico de la marca que proporciona una altísima resolución en agudos, ideal para detectar pequeños detalles en efectos y texturas sonoras. Los A5X tienen un sonido más refinado y un diseño más robusto que los T7V, pero ambos ofrecen una excelente relación entre precisión y precio.

Otra alternativa muy sólida en este segmento es el Focal Alpha 65 Evo, un monitor que combina una gran claridad en medios con un carácter ligeramente cálido que resulta agradable durante largas sesiones. Su capacidad dinámica es excelente, lo cual es importante para evaluar contrastes de volumen en paisajes sonoros complejos. Son especialmente recomendados para diseñadores de sonido que trabajan en cine o televisión.

En este mismo nivel se encuentran los Neumann KH 80 DSP, unos monitores de campo cercano muy compactos, pero de altísima precisión. Cuentan con procesamiento digital interno y se pueden calibrar con el sistema Neumann MA 1, lo que permite una adaptación precisa al entorno acústico de la sala. A pesar de su tamaño, ofrecen una gran claridad y una imagen estéreo precisa, lo cual los hace ideales para tareas de diseño detallado, especialmente en espacios pequeños.

Los Dynaudio LYD 5 y LYD 7 ofrecen un sonido muy natural, sin coloración, y están diseñados para minimizar la fatiga auditiva, es decir, reproducen lo más fielmente posible la grabación original, sin añadir coloración. Esto es fundamental para diseñadores de sonido que pasan muchas horas frente a los monitores. Además, su diseño proporciona una respuesta muy coherente en todo el espectro de frecuencias, siendo especialmente útiles para trabajos donde el balance tonal debe mantenerse controlado.

7.3.3. Presupuesto alto

En la gama alta de monitores de campo cercano y medio, una de las referencias del sector es Genelec. Modelos como el 8040B o los más recientes 8330A pertenecen a la línea SAM (Smart Active Monitoring) de la marca e incluyen el sistema GLM, que permite calibrar automáticamente los monitores según las condiciones acústicas de la sala. Estos altavoces tienen una respuesta plana impresionante, una excelente coherencia de fase y una construcción robusta. Son ampliamente utilizados en estudios de postproducción cinematográfica, televisión y mezcla inmersiva.

Los Neumann KH 120 II representan otro estándar profesional en este rango. Son monitores con una precisión sobresaliente y un diseño acústico optimizado para minimizar reflexiones y mantener una respuesta fiel incluso en salas no ideales. Su hermano mayor, el KH 310, es un monitor de tres vías diseñado para campo medio, con una separación de frecuencias muy clara y gran capacidad dinámica, perfecto para entornos donde se trabaja con mezclas multicanal y se necesita un control absoluto sobre los graves y los medios.

Focal también ofrece modelos de altísima gama como el Solo6 y el Twin6. Estos monitores tienen una respuesta muy precisa y un rendimiento excepcional en mezcla crítica. El modelo Twin6, al ser de tres vías, ofrece una separación tonal muy clara y es ideal para monitoreo envolvente, mezcla de efectos y diseño de sonido cinematográfico. Su construcción es impecable y la calidad del sonido los hace aptos para estudios de alta gama.

Entre los monitores de campo medio y lejano, diseñados para estudios grandes o salas de mezcla profesional, destacan los PMC Result6, que emplean una tecnología de transmisión de línea para controlar la respuesta de graves. Estos altavoces ofrecen una tridimensionalidad sonora muy destacada, lo que es especialmente útil en la mezcla de ambientes complejos y para lograr una sensación de espacio realista. Su neutralidad y claridad los han convertido en una opción común en estudios de cine.

Finalmente, los Genelec 8351B, parte de la línea The Ones, son monitores de tres vías que combinan una reproducción precisa de todo el espectro con una excelente directividad. Estos altavoces están diseñados para ofrecer un punto dulce amplio y una imagen estéreo excepcional. Son ideales para entornos de mezcla inmersiva, como estudios con sistema Dolby Atmos, y se integran fácilmente con el software de calibración GLM para ofrecer una experiencia de monitoreo completamente personalizada y profesional.

7.3.4. Subwoofers recomendados

En cuanto a subwoofers, que son una herramienta valiosa para extender la respuesta en graves en cualquier sistema de monitoreo de diseño sonoro, destacan varios modelos. El Yamaha HS8S es una excelente opción para complementar los monitores HS5 o HS7 y mantener la coherencia tonal. El Adam Sub8 o el T10S ofrecen integración óptima con la serie T y A de Adam Audio, y permiten escuchar con claridad efectos de baja frecuencia que son vitales en sound design para cine o videojuegos. El Genelec 7040A o el 7050C son ideales para estudios que ya trabajan con monitores Genelec, y el Neumann KH 750 DSP permite una integración perfecta con los KH 80 o KH 120, añadiendo además capacidades de calibración digital muy precisas.

7.3.5. Monitorización multicanal recomendada

En una configuración multicanal, uno de los principios fundamentales es que todos los altavoces deben compartir una respuesta tonal coherente, es decir, deben reproducir el sonido con una fidelidad y carácter lo más uniforme posible entre canales. Esto significa que lo ideal es usar el mismo modelo de altavoz para todos los canales, especialmente para los frontales y los surround. Es importante también que el sistema completo esté calibrado correctamente en cuanto a nivel, tiempo de llegada (delay), fase y respuesta en frecuencia, lo cual puede lograrse mediante sistemas automáticos de calibración como el GLM de Genelec o el MA 1 de Neumann, o bien con herramientas manuales de medición acústica. Además, la disposición física de los altavoces en la sala debe seguir estándares específicos según el formato, como las recomendaciones ITU-R BS.775 para sistemas 5.1 o las directrices de Dolby para configuraciones Atmos.

Sistema 5.1

Una configuración 5.1 básica consiste en cinco altavoces de rango completo: uno central, dos frontales (izquierdo y derecho) y dos surround (izquierdo y derecho), junto con un subwoofer. Esta configuración es ampliamente utilizada en mezcla para cine, televisión y videojuegos tradicionales. Para salas pequeñas o medianas, los altavoces de campo cercano activos son la mejor opción, ya que reducen la influencia de la sala y ofrecen una reproducción precisa. Una configuración recomendada en este formato podría estar compuesta por cinco monitores Genelec 8030C acompañados del subwoofer Genelec 7040A. Esta combinación ofrece excelente claridad, tamaño compacto y se integra perfectamente con el sistema de calibración GLM, permitiendo ajustar el sonido al entorno de manera automática. Otra opción igualmente precisa es usar cinco monitores Neumann KH 80 DSP junto al subwoofer Neumann KH 750 DSP. Este sistema también permite calibración digital, tiene una excelente resolución de agudos y medios, y suena sorprendentemente bien incluso en salas no tratadas. Para quienes buscan una respuesta más cálida y un carácter dinámico más pronunciado, los Focal Alpha 65 Evo con el subwoofer Focal Sub One forman un conjunto poderoso y detallado, ideal para proyectos cinematográficos y videojuegos que requieren mucha energía en graves y transiciones dinámicas.

Sistema 7.1

Si se requiere una espacialización más envolvente, se puede dar el salto a una configuración 7.1, que añade dos altavoces surround traseros a la disposición 5.1, aumentando la cobertura espacial y permitiendo una colocación más realista de los sonidos en la parte posterior de la escena sonora. En este caso, se necesita un controlador de monitores o una interfaz de audio con al menos ocho salidas independientes. Una excelente elección para este tipo de sistema sería usar siete monitores Genelec 8330A junto con el subwoofer Genelec 7350A. Esta configuración permite una distribución muy precisa del sonido y mantiene una respuesta plana en todos los puntos de escucha gracias al sistema GLM. Otra alternativa profesional sería un sistema basado en siete monitores Neumann KH 120 II con un subwoofer Neumann KH 750 DSP, proporcionando una experiencia de escucha extremadamente clara, bien balanceada y con capacidad de manejar una amplia gama dinámica, desde efectos sutiles hasta explosiones cinematográficas.

Sistema Atmos de Dolby

Cuando se trata de diseño de sonido en formatos inmersivos como Dolby Atmos, el sistema mínimo recomendado por Dolby para estudios personales es una configuración 7.1.4, lo que significa siete altavoces a nivel del oído, un subwoofer y cuatro altavoces de altura, ya sea montados en el techo o en soportes inclinados hacia el punto de escucha. Este formato permite representar el sonido no solo en el plano horizontal sino también en el eje vertical, creando una experiencia tridimensional. Para poder utilizar esta configuración correctamente se requiere una interfaz de audio con al menos doce salidas independientes, un DAW compatible con Dolby Atmos como Pro Tools Ultimate, Nuendo o Reaper con Dolby Renderer.

Una de las configuraciones más profesionales para mezcla Atmos está compuesta por monitores Genelec de la línea The Ones, como el modelo 8351B, acompañados de subwoofers como el 7360A o 7380A, según el tamaño de la sala. Estos altavoces tienen un diseño de tres vías que ofrece una respuesta extremadamente plana, una coherencia de fase impecable y una imagen sonora precisa desde cualquier ángulo, lo cual es fundamental cuando se trabaja con objetos en movimiento en un entorno tridimensional. Además, el sistema GLM permite calibrar toda la configuración Atmos de forma automática. Otra configuración de alto nivel consiste en utilizar monitores Neumann KH 310 para los tres canales frontales y Neumann KH 120 II para los canales surround y de altura, acompañados por uno o varios subwoofers KH 750 DSP. Esta combinación asegura una respuesta plana, gran potencia y detalle en medios y agudos, siendo una de las opciones más populares en estudios de mezcla de cine en Europa.

También existen alternativas más asequibles, pero igualmente profesionales, como los monitores JBL 705P y 708P, que están diseñados específicamente para entornos multicanal y mezclas Dolby Atmos. Estos altavoces son usados ampliamente en estudios de postproducción y cine.

7.3.6. Interfaces y controladores para mezcla multicanal recomendados

Además del sistema de altavoces, es fundamental contar con un controlador de monitores multicanal o una solución digital que permita gestionar niveles, muteos y enrutamientos de señal con precisión. Algunos de los controladores más usados en entornos Atmos incluyen el Grace Design m908, DADman con monitores Avid MTRX Studio, Trinnov D-Mon y soluciones de software como Dirac Studio o SoundID Reference Multichannel. Estos sistemas aseguran que el control del entorno sea tan preciso como el sistema de monitoreo mismo.

TEN EN CUENTA ESTO: Ningún sistema multicanal funcionará correctamente sin un tratamiento acústico adecuado. Para mezclas inmersivas es muy importante controlar el tiempo de reverberación en todas las direcciones, especialmente en la dimensión vertical, para que los altavoces de altura se integren de manera natural. El uso de trampas de graves, paneles absorbentes en primeras reflexiones y difusores en la parte posterior de la sala mejora significativamente la precisión espacial del sistema. Es igualmente recomendable instalar paneles acústicos o difusores en el techo, justo encima del punto de escucha, para evitar reflexiones que puedan comprometer la direccionalidad de los altavoces de altura.

7.4. Colocación óptima de los monitores

La colocación óptima de los monitores de estudio es esencial para garantizar una escucha precisa y tomar decisiones acertadas en el diseño de sonido. Los monitores de campo cercano están diseñados para colocarse a una distancia de entre uno y dos metros del oyente, formando un triángulo equilátero con la cabeza como vértice. Los tweeters deben estar alineados con los oídos, y es importante mantener cierta separación respecto a la pared trasera (al menos entre 30 y 50 centímetros) para evitar refuerzos indeseados en las frecuencias graves. Además, conviene usar espumas o soportes que desacoplen los monitores de la superficie para evitar vibraciones y resonancias.

En estudios más grandes, se utilizan monitores de campo medio y lejano. Los de campo medio suelen colocarse entre dos y cuatro metros del oyente y se instalan sobre soportes robustos o empotrados en la pared frontal. Los monitores de campo lejano requieren un entorno acústico controlado, ya que están diseñados para representar la energía general del sonido en salas amplias y reverberantes, como las de mezcla cinematográfica.

El uso de subwoofers añade extensión en las frecuencias graves por debajo de los 80 Hz, lo cual es fundamental en géneros musicales con mucho contenido de baja frecuencia o en entornos de mezcla para cine y videojuegos. El subwoofer debe colocarse preferentemente centrado entre los monitores principales. Es muy importante ajustar correctamente el punto de cruce (crossover) para evitar solapamientos o huecos en la respuesta de frecuencias. También se debe comprobar que el subwoofer esté en fase con los monitores y que su nivel esté calibrado para integrarse de forma natural en el sistema, sin dominar la mezcla.

En configuraciones multicanal, como 5.1, 7.1 o Dolby Atmos, la colocación se vuelve más compleja y está sujeta a normas técnicas. Los altavoces frontales (izquierdo, central y derecho) deben formar un arco de 60 grados frente al oyente, a la altura del oído. Los canales de sonido envolvente se sitúan a los lados o ligeramente detrás del oyente, también a una altura adecuada. El subwoofer, al igual que en estéreo, se puede ubicar en una posición flexible, siempre que se calibre correctamente. En configuraciones Atmos, los altavoces de altura se colocan en el techo o apuntando hacia él, buscando una experiencia envolvente tridimensional.

Entre los errores comunes en la colocación de monitores están: colocarlos pegados a la pared sin compensar la respuesta de graves, alinear mal el ángulo de escucha, omitir el tratamiento acústico básico de la sala (lo que genera reflexiones, cancelaciones y picos en la respuesta), o utilizar mobiliario que bloquee o refleje el sonido de forma no deseada.

Una correcta disposición de los monitores, acompañada de un entorno acústico tratado adecuadamente, es la base para lograr una percepción fiel del sonido y producir mezclas que se traduzcan bien en cualquier sistema de reproducción.

7.5. Comparación con auriculares

Escuchar con monitores de estudio y con auriculares son experiencias complementarias, pero sustancialmente diferentes, cada una con ventajas y limitaciones importantes en el contexto del diseño de sonido y la mezcla.

La principal diferencia radica en cómo se percibe el espacio y la imagen estéreo. Con monitores, el sonido interactúa con la sala y llega a ambos oídos con un ligero desfase natural (crossfeed), lo que ayuda a formar una imagen estéreo realista y a percibir profundidad y ubicación de los elementos en el campo sonoro. En cambio, los auriculares aíslan completamente cada canal en un oído, lo que elimina ese desfase natural. Como resultado, la imagen estéreo tiende a sentirse artificialmente ancha y menos tridimensional, lo que puede dificultar la evaluación precisa del paneo, la colocación en el espacio o la percepción de la reverberación.

En cuanto a la respuesta de frecuencias, los monitores permiten evaluar el equilibrio tonal de forma más objetiva, especialmente cuando están bien colocados y la sala está tratada acústicamente. Los auriculares, por su parte, eliminan completamente la influencia de la sala, lo que puede ser útil en entornos no tratados o ruidosos. Sin embargo, la mayoría de los auriculares no ofrecen una respuesta plana, y suenan más coloreados que los monitores profesionales, lo cual puede inducir a errores en la mezcla si no se compensa con experiencia o herramientas como la corrección de respuesta vía software.

Otro aspecto importante es la percepción de los graves. Con monitores (especialmente en configuraciones con subwoofer), los graves se sienten no solo por el oído, sino también por el cuerpo, lo que ofrece una percepción más completa y física del contenido de baja frecuencia. En auriculares, los graves dependen de la calidad de los transductores y del sellado en el oído, lo que a veces genera una percepción exagerada o poco natural, especialmente en modelos con realce en las frecuencias bajas.

No obstante, los auriculares son extremadamente útiles para detectar detalles finos como clics, ruidos de fondo, artefactos de edición, y errores en la automatización. Además, también permiten trabajar en horarios donde el uso de monitores no es viable.

7.6. Fatiga auditiva: Causas, síntomas y prevención

La fatiga auditiva es una disminución temporal de la sensibilidad del oído tras una exposición prolongada a sonidos, especialmente si son intensos, agudos o mal equilibrados. Se manifiesta como cansancio al escuchar, dificultad para percibir detalles, sensibilidad aumentada a ciertos sonidos o incluso una ligera sensación de presión o zumbido. En contextos de diseño de sonido o mezcla, la fatiga auditiva puede llevar a tomar decisiones incorrectas, ya que el oído deja de percibir con precisión los matices y el balance tonal.

Para evitar la fatiga auditiva durante sesiones de diseño de sonido o mezcla, es fundamental adoptar una serie de buenas prácticas que protejan tu audición y mantengan tu percepción fresca. La primera es trabajar a volúmenes moderados: idealmente entre 70 y 80 decibelios SPL. Subir demasiado el volumen, aunque pueda parecer útil para percibir detalles, agota el oído rápidamente y puede alterar tu criterio tonal. Otro consejo clave es hacer pausas regulares. Cada 45 o 60 minutos, conviene descansar entre 5 y 10 minutos en un entorno silencioso o con sonidos neutros, para que el sistema auditivo se recupere. Esto es especialmente importante en jornadas largas.

También ayuda variar el tipo de escucha, por ejemplo, alternando entre monitores y auriculares, o cambiando entre monitores de campo cercano y lejano, ya que diferentes transductores estimulan el oído de forma distinta. Usar monitores de buena calidad, con una respuesta plana y sin resonancias agresivas, es otro factor importante, porque un sistema mal calibrado o con exceso de agudos o distorsión puede fatigar mucho más. Además, mantener una buena acústica en la sala, con control de reflexiones y reverberación, evita que tu oído esté constantemente corrigiendo mentalmente los problemas del entorno.

Por último, cuidar tu salud general también influye: una buena hidratación, descanso adecuado y evitar la exposición a ruidos fuertes fuera del trabajo (como conciertos o auriculares a todo volumen) son hábitos que protegen tu oído a largo plazo y reducen la susceptibilidad a la fatiga.

7.7. Recomendaciones de escucha crítica

La escucha crítica es una habilidad fundamental en el diseño de sonido, ya que permite evaluar con precisión la calidad de una grabación, una mezcla o un efecto sonoro. *No se trata solo de oír, sino de prestar atención consciente y detallada a todos los elementos que componen un sonido, lo que incluye su dinámica, frecuencia, espacialidad, textura y coherencia narrativa.*

Para desarrollar una buena escucha crítica, el entorno de trabajo debe ser confiable. Esto implica una monitorización neutra, una acústica controlada y un volumen moderado que permita percibir matices sin forzar el oído. La familiaridad con el sistema de monitoreo es clave: conviene entrenar el oído escuchando referencias conocidas a través del mismo equipo con el que se trabaja, lo que ayuda a identificar cómo ese sistema colorea el sonido.

Durante la escucha crítica es útil enfocar la atención en distintos aspectos por separado: primero en el balance tonal (¿hay exceso de graves o agudos?), luego en la imagen estéreo (¿el sonido está bien distribuido en el campo?), después en la profundidad (¿hay sensación de espacio?) y finalmente en la inteligibilidad (¿se entiende el diálogo? ¿hay elementos que enmascaran a otros?).

También es importante tener en cuenta el factor psicológico: el oído se adapta a las imperfecciones con el tiempo, por lo que se recomienda alternar entre diferentes sistemas de escucha (monitores, auriculares, altavoces domésticos), y tomar descansos regulares para evitar la fatiga auditiva. La perspectiva fresca tras una pausa permite detectar errores que pasaron desapercibidos.

La escucha crítica no debe realizarse únicamente desde el punto de vista técnico, sino también desde el narrativo y emocional. Un buen diseño de sonido no solo debe sonar bien, sino también transmitir una intención, reforzar la historia, emocionar, sorprender o sumergir. La evaluación subjetiva es tan valiosa como la objetiva, siempre que se realice con criterio.

LA ESTACIÓN
DE TRABAJO

Una estación de trabajo (DAW por sus siglas en inglés –Digital Audio Workstation–) reúne todos los equipos de un estudio de edición y mezcla profesional a un bajo coste. Esto permite que estas actividades sean accesibles para cualquiera, dejando de ser exclusivas de unos pocos para convertirse en un fenómeno de masas (ver ilustración 8.1). Las DAW integran varias funciones, como la grabación de audio en formato digital, la edición gráfica de clips de audio, la secuenciación MIDI, el procesamiento de la señal mediante plugin, la inclusión de instrumentos virtuales, y herramientas para mezclar y automatizar. En este libro veremos en profundidad la estación de trabajo Cakewalk por tratarse de un software gratuito con todas las funcionalidades necesarias para la edición y mezcla de los efectos de sonido.

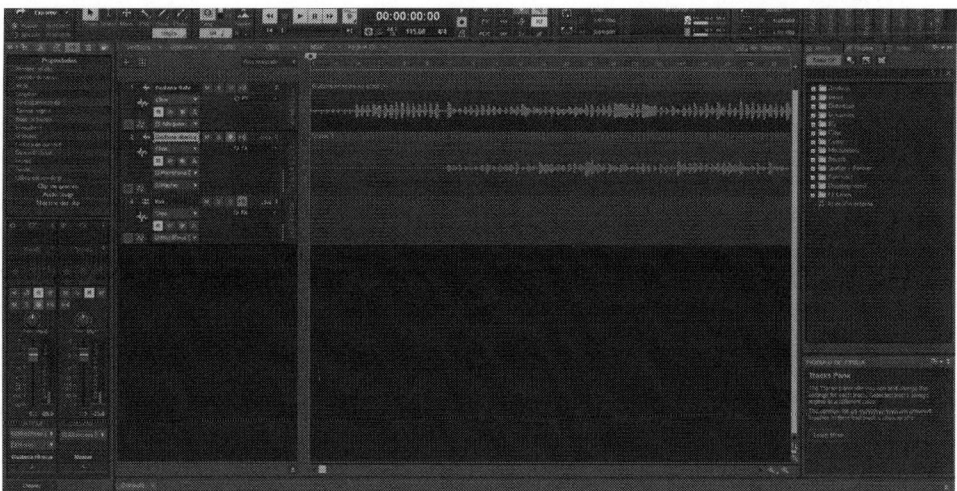

Ilustración 8.1. *Interfaz gráfica de una estación de trabajo (CakeWalk). Elaboración propia.*

8.1. Drivers

Un controlador de dispositivo, también conocido como *driver*, es un programa o rutina que conecta un periférico específico con el sistema operativo de la computadora. En el caso de Windows, existen tres tipos principales de drivers:

– **ASIO** (Audio Stream Input/Output): Es un protocolo desarrollado por Steinberg para audio digital, diseñado para proporcionar baja latencia y una interfaz de alta fidelidad entre el software y la tarjeta de sonido. ASIO permite a músicos y técnicos de sonido acceder directamente al hardware externo, lo que resulta en una latencia mínima y una alta estabilidad.

- **WASAPI** (Windows Audio Session API): Permite que las aplicaciones del cliente controlen el flujo de datos de audio entre la aplicación y un dispositivo de audio final. Similar a ASIO, pero específico de Windows, WASAPI garantiza un control preciso sobre la comunicación de audio sin comprometer la calidad ni la estabilidad.

- **DirectSound**: Es un componente de la biblioteca DirectX proporcionado por Microsoft. Actúa como una interfaz directa entre las aplicaciones y los drivers de la tarjeta de sonido en sistemas Windows. DirectSound permite a las aplicaciones generar sonidos y música de manera efectiva, aunque generalmente se utiliza como una capa intermedia para procesar audio en entornos no profesionales.

Estos controladores son fundamentales para optimizar y gestionar correctamente el flujo de audio entre el software y el hardware, garantizando una experiencia de audio fluida y eficiente en sistemas Windows.

8.2. MIDI

MIDI es la sigla de "Interfaz Digital de Instrumentos Musicales", un protocolo estándar de comunicación que facilita la interacción entre diferentes dispositivos musicales.

Un ejemplo común de uso de MIDI (aunque no exclusivo) ocurre cuando un teclado controlador envía una señal MIDI al ordenador al presionar una tecla. Esta señal no solo transmite información sobre la nota musical tocada, sino también detalles como la fuerza de la pulsación y la duración, entre otros aspectos.

Los teclados sintetizadores o samplers con teclado incorporado tienen la capacidad de generar sonidos por sí mismos al tocar una tecla y, simultáneamente, enviar una señal MIDI.

Existen dos tipos principales de conexiones MIDI: El conector MIDI tradicional de 5 pines, aunque está en desuso en la actualidad (ver ilustración 8.2), y la conexión USB MIDI, que utiliza un puerto USB estándar para la transferencia de datos.

Si nuestro dispositivo solo tiene la antigua conexión MIDI y nuestra interfaz de audio no la soporta, podemos adquirir un adaptador MIDI/USB para establecer la comunicación entre ambos dispositivos. Sin embargo, si nuestro dispositivo tiene conexión USB, es más conveniente conectarlo directamente a un puerto USB de la computadora, de la misma manera que hacemos con nuestra interfaz de audio.

Ilustración 8.2. Conector MIDI de 5 pines. Elaboración propia

Antes de configurar el MIDI, es crucial asegurarse de tener instalados los controladores correctos del dispositivo MIDI. En lugar de usar los controladores proporcionados en el CD del controlador, es recomendable visitar la página web del fabricante y descargar la última versión de los controladores compatibles con nuestro sistema operativo.

8.3. Configuración del proyecto

Hasta ahora, todas las configuraciones realizadas tanto para el controlador como para los dispositivos MIDI son ajustes que no necesitaremos repetir, a menos que cambiemos o añadamos una nueva interfaz o dispositivo MIDI. Sin embargo, la configuración del proyecto puede requerir ajustes según el tipo de trabajo que vayamos a realizar.

Para ajustar los diferentes parámetros del proyecto, los DAW nos proporcionan una ventana con diversas opciones (ver ilustración 8.3). Nos dirigimos a la sección de frecuencia de muestreo y resolución de bits, que generalmente está configurada por defecto en 44,100 Hz y 16 bits. Esta configuración representa la calidad estándar de un CD y es de excelente calidad si solo vamos a reproducir audio.

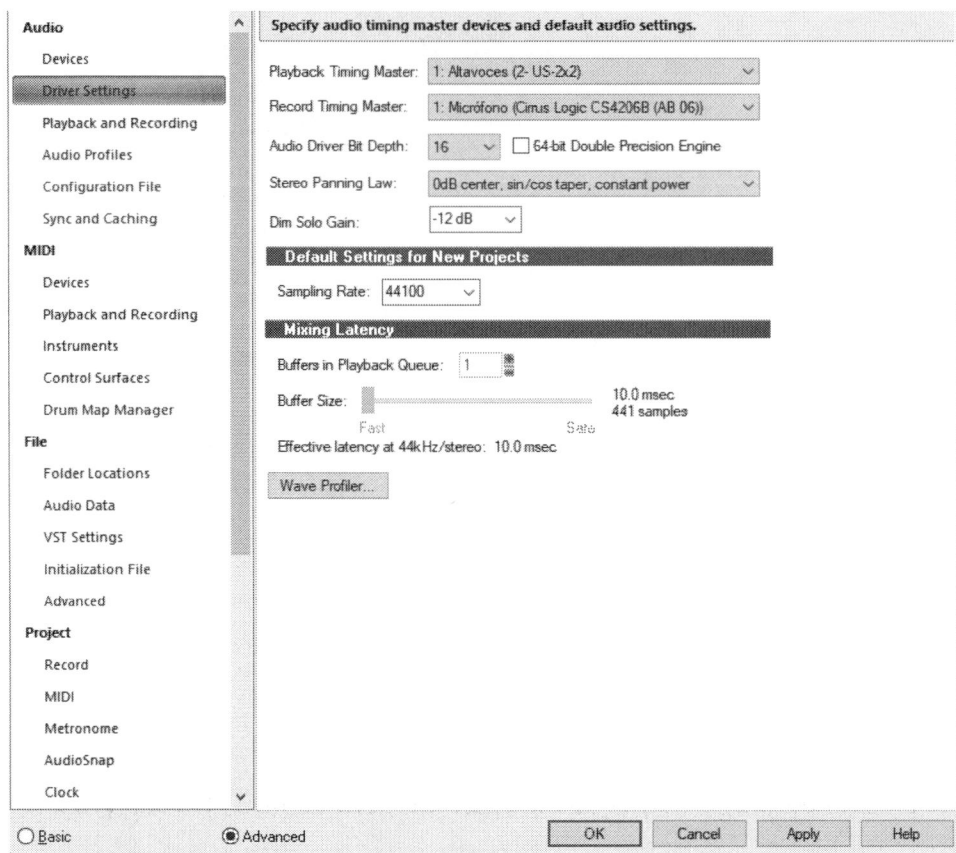

Ilustración 8.3. *Ventana de ajustes de proyecto de Cakewalk. Elaboración propia.*

Sin embargo, como no solo reproduciremos el audio, sino que también lo moldearemos, aplicaremos efectos, lo comprimiremos y estiraremos, es recomendable aumentar la resolución. De esta manera, al grabar voces, guitarras o teclados, obtendremos archivos de audio de mayor calidad que soportarán mejor todas estas manipulaciones.

Como se mencionó anteriormente, la calidad estándar de audio para un CD es de 44,100 Hz y 16 bits. Sin embargo, para trabajar en proyectos de audio para video se suele utilizar una frecuencia de muestreo de 48,000 Hz y una resolución de 24 bits (calidad de DVD).

Para cambiar la profundidad de bits en Cakewalk, debes ir al menú "edit/preferences/file - Audio Data" y modificar la opción "Record Bit Depth". Ajusta esta configuración a 24 bits, luego selecciona "Apply" y cierra la ventana.

Para cambiar la frecuencia de muestreo, ve al menú "edit/preferences/Audio - Driver settings". Ajusta la frecuencia a 48 kHz, selecciona "Apply" y cierra la ventana.

8.4. Conversión analógico-digital (ADC)

El muestreo, la cuantificación (que no debe confundirse con la cuantización) y la codificación son conceptos clave en la digitalización del audio.

El muestreo digital es la primera etapa en este proceso. Consiste en tomar muestras de una señal analógica a una frecuencia constante (fs) para cuantificarlas después. Según el teorema de Nyquist, la frecuencia de muestreo debe ser al menos el doble del rango del espectro que se desea digitalizar. En la música, el espectro va de 20 a 20,000 Hz, por lo que se debe muestrear a un mínimo de 40,000 Hz para evitar el efecto de aliasing. El aliasing ocurre cuando señales continuas diferentes se vuelven indistinguibles al ser muestreadas digitalmente, impidiendo la reconstrucción precisa de la señal original.

En la cuantificación digital, se toman los valores de amplitud de la señal analógica y se asignan a niveles predeterminados (profundidad de bits) para aproximar las muestras. Esta aproximación inevitablemente introduce un error de cuantificación.

La codificación es el proceso de convertir los datos muestreados y cuantificados en un formato que el sistema pueda interpretar. Esto implica asignar palabras de n bits (código binario) a la información recogida durante el muestreo y la cuantificación para que sea comprensible para el sistema (ver ilustración 8.4).

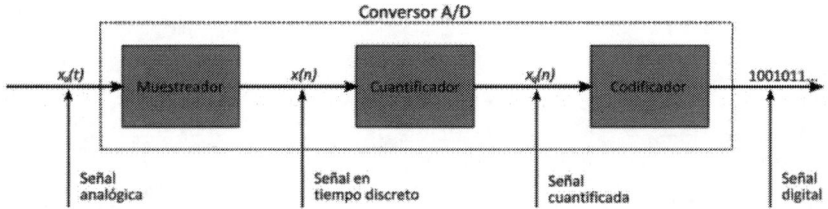

Ilustración 8.4. *Proceso de digitalización de una señal analógica. Recuperado de https://es.wikipedia.org/wiki/Conversor_de_se%C3%B1al_anal%C3%B3gica_a_digital*

8.5. Formatos de audio y contenedores

La Modulación por Código de Pulsos (PCM, por sus siglas en inglés) es una técnica utilizada para convertir una señal analógica en una secuencia digital de bits. Este método es el estándar para el audio digital en computadoras, CDs, telefonía digital y otras aplicaciones similares, y no implica compresión de datos.

El formato de archivo WAVE es un contenedor sin pérdida que almacena audio sin comprimir, incluyendo el formato PCM. Por lo tanto, los archivos WAV ofrecen una calidad de sonido óptima, aunque ocupan más espacio de almacenamiento en comparación con otros formatos de audio, lo que los hace poco adecuados para el envío a través de Internet o para transmisiones. Fue desarrollado por IBM y Microsoft y es considerado el formato estándar de audio para PC con Windows.

El Formato de Archivo de Intercambio de Audio (AIFF) fue desarrollado por Apple en 1988. Al igual que el formato WAVE, los datos de audio en AIFF se almacenan en PCM, lo que significa que no hay compresión. AIFF es ampliamente utilizado en aplicaciones de audio profesional, pero tiene la desventaja de ocupar mucho espacio en disco. Por ejemplo, un minuto de audio estéreo con una frecuencia de muestreo de 44.1 kHz y una resolución de 16 bits (calidad de CD) puede ocupar alrededor de 10 MB.

El formato MP3 es una forma de compresión de audio digital que utiliza un algoritmo con pérdida para reducir el tamaño del archivo. Los archivos MP3 pueden ser comprimidos a diferentes tasas de bits por segundo, lo que afecta la calidad del audio y el tamaño del archivo. La tasa de bits determina la velocidad de transferencia de datos entre dispositivos digitales.

8.6. Áreas de la interfaz

La interfaz se compone de varias áreas claramente diferenciadas (ver ilustración 8.5).

Ilustración 8.5. *Ventana de proyecto del DAW Cakewalk. Elaboración propia.*

La primera columna es el inspector, situado en el lado izquierdo de la ventana, y muestra la información relacionada con la pista en la que estamos trabajando. La segunda columna es la columna de pistas, donde se pueden crear y organizar diferentes tipos de pistas, como pistas de audio, MIDI, instrumento, video, entre otras. La tercera columna se llama visor de eventos o zona de eventos, donde podemos visualizar y controlar todos los datos que grabamos y reproducimos. Además de estas zonas, Cakewalk incluye un módulo de explorador y otro de ayuda (ambos anclables) en la parte derecha de la interfaz (ver ilustración 8.5).

8.7. Pistas de audio

Para insertar una pista de audio, haz clic con el botón derecho del ratón sobre la columna de pistas y selecciona "Insertar pista de audio". También puedes ir al menú Insertar y elegir Pista de audio.

Observa que en la columna de eventos no se producen cambios visibles, mientras que en la columna de pistas aparece gráficamente la nueva pista y la columna del inspector de pista se llena de elementos adicionales.

Los controles esenciales de una pista incluyen el volumen, la panorámica y las entradas y salidas del canal. En el visor de eventos, también conocido como zona de eventos, podemos ver lo que estamos grabando y reproduciendo. Cada vez que grabamos o importamos un archivo de audio o MIDI, podemos visualizarlo, reproducirlo y manipularlo visualmente mediante regiones o eventos.

La ventana de proyecto es donde realizamos la mayor parte del trabajo en un DAW, por lo que es importante familiarizarnos con ella y con todos sus controles y detalles.

Para eliminar una pista, selecciona la pista que quieres eliminar, haz clic con el botón derecho del ratón y elige la opción "Eliminar pista".

8.8. La barra de control

Para poder visualizar la barra de control avanzada, selecciona el modo "advanced" en la pestaña "Lens" ubicada en el margen superior derecho de la interfaz (ver ilustración 8.6). A partir de ahora, trabajaremos exclusivamente en este modo.

La barra de control en Cakewalk es ajustable y se compone de varios módulos (ver ilustración 8.7). Entre estos módulos se encuentran: Exportar, Herramientas de edición, Snap (cuantización), Transporte, Mezcla, Loop, Performance, Selección, Punch, ScreenSet, ACT, Markers, Events, Sinc, Custom y Mix Recall. Al hacer clic con el botón derecho del ratón sobre una zona vacía de la barra, puedes activar o desactivar los diferentes módulos.

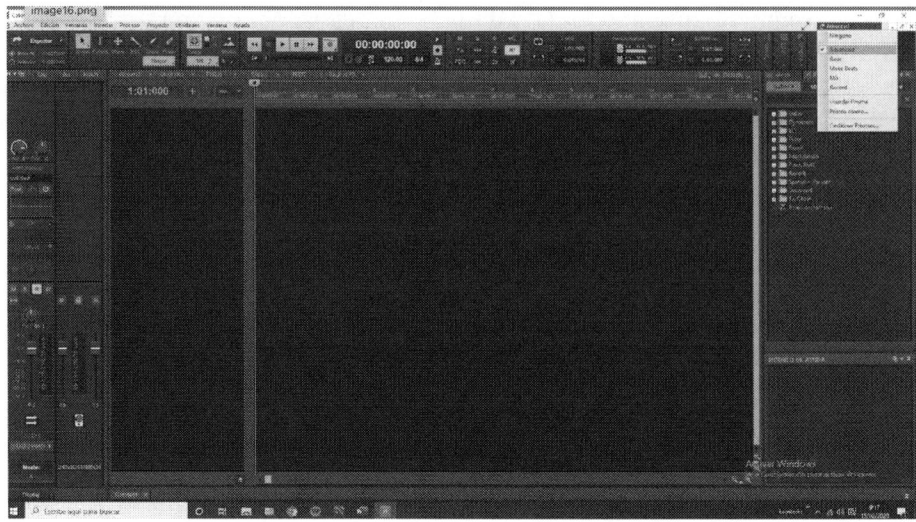

Ilustración 8.6. Selección de Lens. Elaboración propia.

8.8.1. Módulo Exportar

El módulo de **Exportar** permite exportar la mezcla de audio en varios formatos, como AIFF, WAV, MP3, FLAC (Free Lossless Audio Codec, software libre), OGG (formato contenedor libre y abierto) y WMA (Windows Media Audio, audio comprimido). En este módulo también se puede ver la duración del clip o de un fragmento seleccionado.

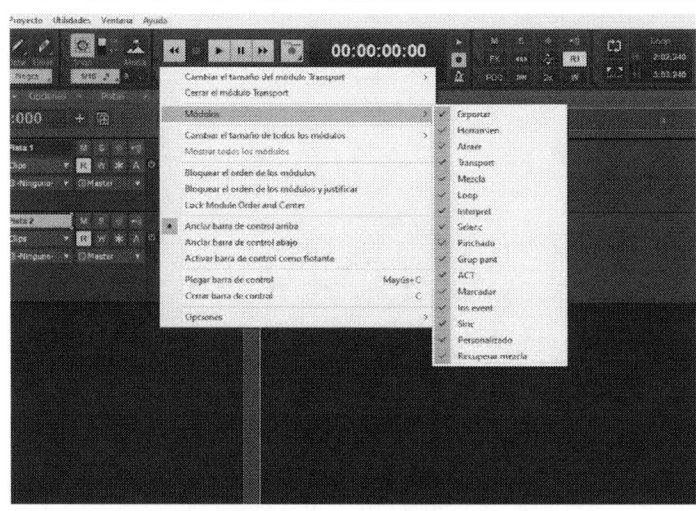

Ilustración 8.7. Módulos disponibles en el DAW Cakewalk. Elaboración propia.

El módulo de Herramientas de edición ofrece diversas herramientas para editar el clip de audio. Puedes optimizar el tiempo de edición presionando la tecla 't', lo que abrirá el HUD (Head-Up Display) o barra de estado de herramientas en la posición actual del puntero. Las herramientas disponibles incluyen:

- La Smart Tool, que puede actuar como las herramientas de Editar, Seleccionar, Mover, Dibujar o Eliminar, dependiendo de la posición dentro de un clip de audio. Para personalizar la Smart Tool, presiona el icono durante un segundo o haz doble clic sobre el botón. Su atajo es F5.
- La herramienta Select permite seleccionar datos "enlazando" clips completos, notas MIDI, nodos de envolvente, transitorios, o arrastrando a través de un rango de tiempo. Su atajo es F6.
- La herramienta Move te permite mover los datos seleccionados. Su atajo es F7.
- La herramienta Edit permite ajustar datos como los tiempos de inicio/finalización de las notas, ajustar fundidos, y modificar la envolvente del volumen del clip, así como la velocidad (intensidad) de las notas y las envolventes de automatización. Su atajo es F8.
- La herramienta Draw permite dibujar notas MIDI. Su atajo es F9.
- La herramienta Erase permite borrar clips, notas MIDI, etc. Su atajo es F10.
- La herramienta Note Draw Duration define la duración de la nota al dibujar nuevos eventos. Para cambiar la duración, presiona el icono durante un segundo o haz clic con el botón secundario en el botón.

8.8.2. Módulo Snap

El módulo **Snap** alinea clips, marcadores y otros elementos al punto más cercano en la cuadrícula de ajuste. Este módulo permite definir la resolución de la cuadrícula como un valor rítmico musical (por ejemplo, una semicorchea) o una unidad de tiempo absoluto (número de cuadros, segundos o muestras). Para visualizar mejor las opciones de este módulo, despliega la ventana "piano roll" (alt + 3) o desde el menú Ventanas/Rodillo de piano.

- El botón de Snap habilita o deshabilita esta opción. Su atajo es la tecla N.
- El interruptor "To – By". La opción "To" ajusta la nota o el clip al grid, mientras que "By" mueve el incremento seleccionado, pero relativo a la rejilla.
- El botón de Time Resolution selecciona la resolución del tiempo musical o absoluto.
- El botón de tresillo (triplet) reduce la duración de la cuadrícula a 2/3 de su duración original, es decir, cuando está activado, 3 notas caben en el espacio de 2.

- El botón de puntillo (dotted) aumenta la duración del tiempo musical seleccionado en la mitad de su valor original.
- El botón Marks ajusta los clips, notas, etc., sobre los marcadores añadidos a la cuadrícula. Haciendo clic sobre el botón, se abre una ventana para especificar los ajustes y las opciones de salto. Las marcas se pueden añadir o quitar desde el módulo Markers.

8.8.3. Módulo Transporte

El módulo **Transporte** en Cakewalk ofrece diversas funciones esenciales para la grabación y reproducción de audio:

- Grabar: Inicia la grabación con el atajo R y deténla con shift + R.
- Reproducir: Usa la barra espaciadora para iniciar y pausar la reproducción.
- Rebobinar y Avance rápido.
- Ir al inicio: Atajo Ctrl + Inicio.
- Ir al final: Atajo Ctrl + Fin.

Este módulo también controla el código de tiempo del proyecto (SMPTE), el tempo, el ritmo, la frecuencia de muestreo y la profundidad de bits. Además, incluye las siguientes funciones:

- Botón de Reset: Parpadea si una nota MIDI está atascada y la restablece. Para forzar una recarga del motor de audio y MIDI, mantén presionada la tecla Ctrl y haz clic en este botón.
- Botón de Audio Engine On/Off: Habilita o deshabilita el motor de audio, reiniciándolo.
- Botón de Ajustes de metrónomo: Permite configurar los parámetros del metrónomo. Su atajo es Shift + F3.
- Botón de metrónomo durante la reproducción: Activa o desactiva el metrónomo durante la reproducción. Su atajo es Ctrl + F3.
- Botón de metrónomo durante la grabación: Activa o desactiva el metrónomo durante la grabación. Su atajo es F3.

El metrónomo o claqueta emite un sonido rítmico que marca el tempo y el compás de la canción. En las DAW, el metrónomo suena por los altavoces para ayudar a seguir el tempo y el ritmo durante la grabación o reproducción. Estos parámetros se ajustan en el propio módulo de transporte.

Para configurar el metrónomo, haz clic en el botón "ajustes de metrónomo" en el módulo. Se abrirá una ventana con diferentes opciones (ver ilustración 8.8), accesible con el atajo shift + F3. Puedes elegir si quieres que el metrónomo suene al grabar, al reproducir, o en ambos casos. Lo habitual es tener el metrónomo activo al grabar y desactivado al reproducir para escuchar la grabación sin interrupciones.

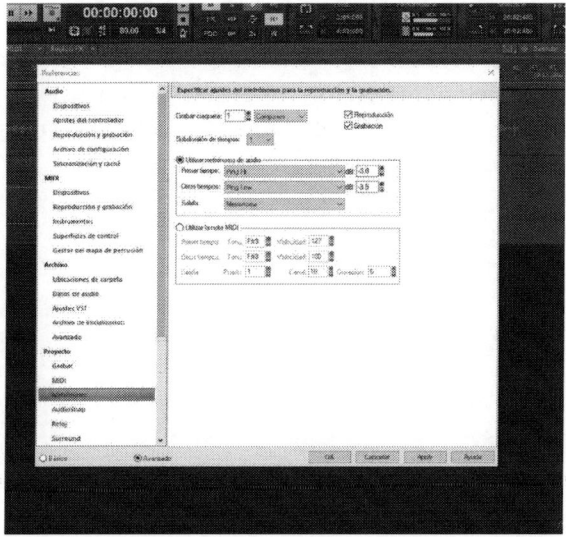

Ilustración 8.8. *Ventana de Configuración del metrónomo de Cakewalk. Elaboración propia.*

También es común habilitar una pre-cuenta para que suenen algunos compases antes de comenzar la grabación, permitiendo así asimilar el ritmo antes de empezar (opción "grabar claqueta" en los ajustes del metrónomo). Generalmente, con un compás es suficiente.

Recuerda que puedes activar y desactivar el metrónomo durante la grabación con el atajo F3.

8.8.4. Módulo Mezcla

El módulo Mezcla configura las opciones de Mute, Solo, Grabación, Efectos y la automatización de reproducción/grabación:

- Botón **Mute**: Activa o desactiva la función Mute en todas las pistas.
- Botón **Solo**: Activa o desactiva la función Solo en todas las pistas.
- Botón **Rec**: Activa o desactiva la función de grabación en todas las pistas. Su atajo es Ctrl + R.
- Botón **Monitoreo**: Activa o desactiva la función de monitoreo en todas las pistas.
- Botón **FX**: Activa o desactiva la función Bypass en todas las pistas.

– Botón **Solo Exclusivo**: Activa o desactiva el modo Solo exclusivo, permitiendo aislar solo una pista y un bus. Por defecto, Cakewalk permite activar la función Solo en múltiples pistas y buses.

– Botón **Envelope/Offset**: Activa el modo Envelope u Offset. En el modo Envelope, los faders de volumen y panorámica siguen la automatización del proyecto y no responden a cambios en tiempo real. En el modo Offset, puedes corregir o compensar las automatizaciones. Por ejemplo, si el paneo de un canal está al extremo izquierdo (100% L) y ajustas el panorama en modo Offset al 100% a la derecha, el parámetro de panorama ahora se establece en el extremo derecho.

– Botón **Leer Automatización**: Activa o desactiva la lectura de automatización durante la reproducción en todas las pistas. Su atajo es Ctrl + F12.

– Botón **Eliminar Automatizaciones**: Activa o desactiva la función de escritura de automatización para todos los parámetros. Su atajo es F12.

Los botones PDC, DIM y 2x no se cubrirán en este texto por ser demasiado específicos y poco comunes en el diseño de sonido.

8.8.5. Módulo Loop

El módulo Loop configura los ajustes del bucle. Tiene un botón para activar o desactivar el bucle y dos localizadores (izquierdo y derecho) que definen el área que se repetirá. Su atajo es shift + L. Al activar el botón de reproducción en bucle y al pasar la barra de reproducción entre los dos localizadores, al llegar al final vuelve al inicio.

8.8.6. Módulo Performance

El módulo Performance permite monitorear el rendimiento del ordenador, incluyendo la CPU, el disco duro y la actividad de la memoria RAM. Al colocar el cursor sobre este módulo, aparece información detallada sobre el estado del ordenador.

8.8.7. Módulo Selección

El módulo Selección permite configurar los ajustes de selección. Antes de copiar, borrar, mover o editar fragmentos de clips, es necesario seleccionarlos. Este módulo nos permite ser muy precisos en la selección. En este módulo encontramos:

– Botón de "**seleccionar desde**": Ajusta el localizador izquierdo. Su atajo es Ctrl + F6.

- Botón de "**seleccionar hasta**": Ajusta el localizador derecho. Su atajo es Ctrl + Shift + F6.
- Botón "**selección desde (tiempo)**": Especifica el inicio de la selección desde un código de tiempo.
- Botón "**selección hasta (tiempo)**": Especifica el final de la selección desde un código de tiempo.

8.8.8. Módulo Punch

El módulo Punch configura los ajustes de la grabación "punch", permitiendo grabar solo sobre un fragmento de pista. Este módulo ofrece dos funcionalidades:

- Botón "**Auto-Punch On/Off**": Activa o desactiva la grabación "punch". La grabación solo se realiza entre los tiempos de entrada y salida.
- Botón "**Ajustar puntos de pinchado a la selección**": Ajusta el inicio y el final del tiempo de pinchado.

8.8.9. Módulo ScreenSet

El módulo **ScreenSet** te permite seleccionar y editar screensets. Un screenset es una captura o instantánea de la disposición actual de la interfaz del proyecto, incluyendo las ventanas abiertas, su tamaño, posición, nivel de zoom y si están acopladas o flotantes. Cada proyecto puede tener hasta 10 screensets diferentes, accesibles mediante los atajos numéricos del 1 al 0.

8.8.10. Módulo ACT

El módulo ACT (Active Controller Technology) facilita el uso de superficies de control o controladores MIDI para manejar plug-ins externos como sintetizadores o efectos. Este módulo incluye cinco botones:

- Botón de "**nombre de controlador**": Permite seleccionar el plug-in con el que se desea interactuar.
- Botón "**control surface status**": Muestra el estado actual de la comunicación con la superficie de control.
- Botón "**Open property page**": Abre la página que lista los atributos del plug-in seleccionado.
- Botón "**ACT aprende**": Activa o desactiva la función de aprendizaje, permitiendo asignar parámetros específicos de sintetizadores o efectos a la superficie de control.
- Botón "**ACT lock**": Bloquea o desbloquea el contexto ACT actual.

8.8.11. Módulo Markers

El módulo Markers lista, describe y permite editar los marcadores utilizados en la zona de eventos. Está compuesto por varios botones:

- Botón "**Go to previous marker**": Navega hasta el marcador anterior. Su atajo es Ctrl + Shift + Repág.
- Botón "**Go to next marker**": Navega hasta el siguiente marcador. Su atajo es Ctrl + Shift + Avpág.
- Botón "**Insert marker**": Inserta un nuevo marcador en la zona de eventos. Su atajo es M.
- Display "**Current marker display**": Muestra el marcador actual o el más cercano previo. Se puede desplegar un menú para seleccionar cualquier marcador y desplazarse hasta él. Para ver una lista de todos los marcadores creados, se accede desde el menú Views/Markers.

NOTA: El resto de los módulos no serán tratados en este libro.

8.9. Tipos de compresión

PCM (Modulación por Código de Pulsos) es un método de codificación de audio digital que almacena datos de sonido. Es el formato utilizado en CDs de audio y otros sistemas de alta fidelidad, ya que preserva toda la información del audio original, proporcionando la mejor calidad posible. Sin embargo, debido a que los archivos PCM son grandes, no son ideales para el almacenamiento o la transmisión eficiente.

La **compresión de audio** se refiere a la reducción del tamaño de los archivos de audio, lo cual es fundamental para facilitar su almacenamiento y transmisión. Existen dos tipos principales de compresión de audio: compresión con pérdida y compresión sin pérdida.

- La **compresión con pérdida** (lossy compression) reduce significativamente el tamaño de los archivos de audio eliminando parte de la información que se considera menos perceptible para el oído humano. Formatos como MP3, AAC y OGG utilizan este tipo de compresión. Aunque esta compresión es eficiente y produce archivos de tamaño pequeño, puede degradar la calidad del sonido, especialmente cuando se comprime demasiado.
- En contraste, la **compresión sin pérdida** (lossless compression) reduce el tamaño del archivo sin eliminar ninguna información del audio original, permitiendo una reconstrucción exacta del archivo al descomprimirlo. Formatos como FLAC, ALAC (Apple Lossless) y APE son ejemplos de compresión sin pérdida. La idea es comprimir antes de enviar y descomprimir en el receptor.

8.10. El explorador de Cakewalk

En Cakewalk, el explorador de archivos es una herramienta clave que permite a los usuarios gestionar y acceder fácilmente a los archivos de audio, MIDI, proyectos, y otros recursos esenciales para el diseño de sonido y la producción musical. Este explorador está integrado dentro de la interfaz de la DAW (ver ilustración 8.9) y proporciona una vista organizada de todos los archivos necesarios para tu proyecto. Se divide en varias secciones que te permiten buscar, arrastrar y soltar archivos directamente en tu proyecto, facilitando un flujo de trabajo ágil y eficiente.

Cakewalk soporta una variedad de tipos de archivos, cada uno con un propósito específico. Los archivos más comunes incluyen:

- Archivos de proyecto (CWP): Estos son los archivos nativos de Cakewalk que guardan toda la información de tu proyecto, como pistas, efectos, configuraciones de mezcla y automatización.
- Archivos de audio (WAV, MP3, FLAC, etc.): Cakewalk soporta múltiples formatos de audio. El formato WAV es el más común para audio sin comprimir y de alta calidad, mientras que MP3 y FLAC son populares para el almacenamiento y la transmisión, siendo el primero con pérdida y el segundo sin pérdida.
- Archivos MIDI (MID): Los archivos MIDI son necesarios en la producción musical basada en instrumentos virtuales. Estos archivos contienen información sobre notas, tiempos y controladores, pero no contienen audio real. Cakewalk puede importar, editar y reproducir archivos MIDI, integrándolos con sintetizadores y samplers.
- Archivos de plugin y efectos (VST, VST3): Cakewalk también maneja archivos de plugin VST y VST3, que son extensiones que agregan instrumentos y efectos virtuales a tu DAW. Estos archivos se cargan dentro del proyecto para proporcionar funcionalidad adicional durante la producción.

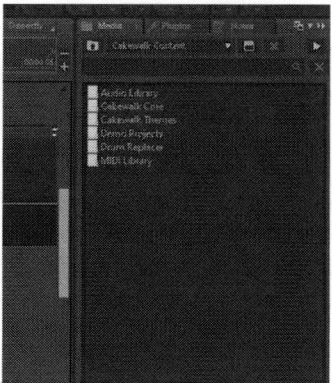

Ilustración 8.9. *Contenidos Media de Cakewalk. Elaboración propia.*

En Cakewalk, existen varias extensiones de archivo asociadas con los proyectos, cada una con un propósito específico. Así:

- **CWP** (Cakewalk Project File): Es el formato principal para los proyectos en Cakewalk. Un archivo CWP guarda toda la información relacionada con tu proyecto, pero los archivos de audio no se guardan dentro del archivo CWP, sino que se almacenan por separado en una carpeta de audio asociada al proyecto.
- **CWT** (Cakewalk Template File): Son plantillas de proyectos para guardar configuraciones predefinidas como la estructura de pistas, efectos y otros ajustes que se pueden reutilizar para crear nuevos proyectos. Las plantillas ayudan a ahorrar tiempo al permitir que el usuario comience con un entorno de trabajo configurado previamente. Se utilizan para establecer un punto de partida consistente para proyectos nuevos.
- **CWB** (Cakewalk Bundle File): Es un archivo de proyecto empaquetado (bundle). A diferencia del archivo CWP, un archivo CWB incluye no solo la configuración del proyecto, sino también todos los archivos de audio asociados, es decir, se incrustan en el proyecto. Esto permite que el proyecto completo se guarde en un único archivo, lo cual es útil para la transferencia o el archivo del proyecto. Este tipo de archivo es ideal para compartir proyectos completos con otros usuarios o para realizar copias de seguridad integrales.
- **CWX**: Esta extensión es menos común y está asociada a archivos de proyecto en versiones anteriores de Cakewalk o Sonar. En algunos casos, puede referirse a configuraciones o formatos de proyectos específicos. Sin embargo, es importante destacar que la extensión CWX no es de uso común en las versiones actuales de Cakewalk y puede variar en función de la versión o configuración específica de la DAW.

8.11. Fundamentos de la tecnología ReWire

ReWire es una tecnología desarrollada por Propellerhead Software y Steinberg que permite la interconexión de dos aplicaciones de audio, permitiéndoles trabajar juntas en tiempo real. Esta tecnología actúa como un puente que sincroniza el transporte (play, stop, etc.) y permite la transferencia de audio y MIDI entre dos programas, conocidos como el host y el cliente. El host es la aplicación principal, como una DAW (Digital Audio Workstation), mientras que el cliente es la aplicación secundaria, que puede ser otro software de producción musical o de síntesis.

Cuando se utilizan aplicaciones compatibles con ReWire, se establece una conexión directa en la que ambos programas pueden compartir datos sin necesidad de renderizar o exportar archivos de audio previamente. Esto es especialmente útil en flujos de trabajo donde se desea combinar las capacidades de diferentes programas. Por ejemplo, es común utilizar Reason como cliente ReWire con DAWs como Ableton Live o Cakewalk para aprovechar los instrumentos y efectos únicos de Reason mientras se usa la DAW principal para la secuenciación y mezcla. Además de la sincronización de transporte y la transferencia de audio, ReWire también permite enviar datos MIDI desde el host al cliente, lo que significa que puedes controlar instrumentos virtuales en el cliente desde la interfaz del host.

ReWire simplifica el proceso de integración entre distintas aplicaciones, ofreciendo una solución eficaz para productores que buscan combinar las fortalezas de diferentes herramientas en un único proyecto. A pesar de sus beneficios, es importante tener en cuenta que la tecnología ReWire requiere que ambas aplicaciones estén abiertas simultáneamente y que algunos recursos del sistema se dividan entre los dos programas, lo cual puede exigir más del hardware.

8.12. Pista de audio

En Cakewalk, las pistas de audio están equipadas con una variedad de botones y controles que facilitan la gestión de la grabación, edición, y mezcla del audio. Cada uno de estos botones y controles tiene funciones específicas que te permiten personalizar y optimizar tu flujo de trabajo:

- **Rec (Record)**: El botón de grabación activa el modo de grabación en la pista. Cuando se activa, la pista está lista para capturar y grabar la señal de audio que entra en la DAW.
- **M (Mute)**: El botón de silencio desactiva la reproducción de la pista. Cuando está activado, la pista no se escuchará en la mezcla, lo cual es útil para hacer ajustes sin interferencia del audio en cuestión.
- **S (Solo)**: Este botón aísla la pista seleccionada, reproduciéndola sola sin escuchar las demás pistas del proyecto. Permite escuchar la pista en solitario para realizar ajustes sin la influencia de otras pistas.
- **Rack de efectos**: Este botón abre el rack de efectos de la pista, donde puedes agregar, organizar y ajustar los plugins de efectos aplicados a la pista. Aquí es donde se gestionan los efectos en tiempo real, como ecualizadores, compresores, reverberaciones, entre otros.
- **Automatización**: El botón de automatización permite activar la vista de automatización para la pista. Esto te permite dibujar y editar datos de automatización para parámetros como volumen, panoramizador, y efectos a lo largo de la pista.

- **W (write automation)**: Este botón habilita la escritura de automatización en la pista. Cuando está activado, cualquier ajuste realizado en los controles de volumen, panoramización o efectos se graba automáticamente en la pista como datos de automatización.
- **R (read automation)**: Este botón habilita la lectura de los datos de automatización en la pista. Cuando está activado, Cakewalk reproduce los cambios automáticos que se han guardado en los parámetros de la pista. Esto permite que los ajustes automáticos se apliquen durante la reproducción o mezcla del proyecto.
- **Mostrar/ocultar carriles**: Este botón permite gestionar la visibilidad de los carriles en la vista de pista, facilitando la organización y el enfoque en partes específicas del proyecto.
- **Freeze**: Este botón congela una pista, lo que significa que renderiza temporalmente el audio con todos los efectos y procesamientos aplicados. Esto libera recursos del sistema, ya que reduce la carga de procesamiento en tiempo real al convertir la pista en un archivo de audio procesado.
- **Archivo (archive)**: Este botón ahorra recursos del sistema al desactivar temporalmente la reproducción de esa pista. Cuando se activa la pista no se reproduce ni se procesa, a diferencia del botón mute, que sí lo hace.
- **Display de entrada y de salida**: Aquí puedes configurar cómo se enruta el audio y MIDI en Cakewalk especificando las fuentes de entrada y los destinos de salida de la pista.
- **Mono/estéreo**: Este botón permite seleccionar el modo mono o estéreo para la pista. En el modo mono, la pista se configura para recibir una única señal de audio, mientras que, en el modo estéreo, se manejan dos señales, una para cada canal del estéreo.
- **Fase (polarity)**: El botón de fase invierte la polaridad de la señal de audio en la pista. Esto puede ser útil para corregir problemas de fase cuando se graban múltiples micrófonos o se mezclan diferentes fuentes de audio.
- **Input echo**: El botón de eco de entrada activa la monitorización en tiempo real del audio entrante. Esto permite escuchar la señal de entrada a través de la pista mientras se graba, lo que es útil para realizar ajustes en la interpretación en tiempo real.
- **Edit filter**: Este control permite filtrar los clips o eventos MIDI visibles en la vista de edición, facilitando el enfoque en áreas específicas del proyecto y simplificando la manipulación de datos.

8.13. La ganancia de entrada

La ganancia de entrada es un aspecto fundamental en la grabación y procesamiento de audio que controla el nivel de la señal que se introduce en un dispositivo o sistema. Su propósito principal es ajustar la amplitud de la señal de audio para que sea adecuada para el procesamiento y grabación, evitando distorsión y pérdida de calidad. Ajustar la ganancia de entrada correctamente es lo más importante para garantizar que la señal de audio tenga el nivel apropiado antes de ser procesada por otros componentes del sistema, ya sea una interfaz de audio, un micrófono, un previo de micrófono o un mezclador.

Cuando se ajusta la ganancia de entrada, se puede aumentar o disminuir el nivel de la señal según sea necesario. Si la señal es demasiado baja, se incrementa la ganancia para fortalecer la señal y mejorar la relación señal-ruido. Por el contrario, si la señal es demasiado alta, se reduce la ganancia para evitar el *clipping* y la distorsión. Esto asegura que la señal se grabe con precisión y claridad, manteniendo la calidad del sonido sin introducir artefactos no deseados. En un previo de micrófono, por ejemplo, la ganancia de entrada ajusta el nivel de la señal del micrófono antes de que esta sea enviada al sistema de grabación, mientras que, en una interfaz de audio, controla el nivel de entrada de diversas fuentes como micrófonos e instrumentos.

Durante la mezcla, la ganancia de entrada en Cakewalk se ajusta para equilibrar las señales de cada canal antes de ser enviadas a los buses de mezcla y grabación. Es importante monitorear los niveles de entrada y ajustar la ganancia para mantener una señal clara, evitando el clipping, que ocurre cuando la señal supera el rango máximo de procesamiento del sistema. Utilizar medidores de nivel integrados en el equipo ayuda a hacer ajustes precisos, asegurando que la señal de entrada se mantenga dentro del rango adecuado.

8.14. Algunos consejos básicos para grabar con micrófono

Es importante asegurarse de que durante la grabación el micrófono capture únicamente el sonido deseado, manteniéndolo lo más limpio posible. Para lograr esto, hay que buscar un lugar libre de ruidos. Si no contamos con paneles de absorción acústica, lo ideal es elegir una habitación con muchos muebles y estanterías llenas de libros, lo que ayuda a evitar un tiempo de reverberación excesivo causado por las reflexiones del sonido en las paredes. Dado que es necesario eliminar cualquier ruido no deseado, y los principales generadores de ruido suelen ser los altavoces del equipo, debemos apagarlos y usar auriculares durante la grabación.

Los auriculares son fundamentales en el proceso de grabación porque nos permiten escuchar sin generar ruido externo. Es recomendable utilizar auriculares bien ajustados (circumaurales) para evitar que el sonido se escape al exterior; en caso de que no se ajusten perfectamente, podemos presionarlos con las manos mientras grabamos. Este proceso de "escuchar lo que está sucediendo" se conoce como **monitorización**.

8.15. El fundido cruzado

El fundido cruzado es una técnica de edición de audio que se utiliza para crear una transición suave entre dos clips o pistas de audio, eliminando cortes abruptos y garantizando una fusión natural entre los sonidos. Durante un fundido cruzado, el volumen de un clip disminuye gradualmente mientras el volumen del siguiente aumenta, permitiendo que ambos sonidos se mezclen temporalmente. Esta técnica es especialmente útil en la mezcla de música, en la edición de diálogos o en la creación de efectos de sonido, donde se busca una transición sin interrupciones que mantenga la fluidez y coherencia del audio. Además de mejorar la calidad estética del audio, el fundido cruzado también puede ayudar a ocultar pequeñas discrepancias o errores en las grabaciones originales.

Cakewalk proporciona una herramienta llamada edición enlazada (accesible a través del botón de ripple edit on/off en el margen superior derecho de la zona de eventos) que ajusta automáticamente la posición de los clips que se han cortado.

No es necesario que las dos regiones estén solapadas para realizar un fundido cruzado; simplemente con que estén adyacentes es suficiente para que el DAW entienda que se quiere realizar el fundido entre ellas. Solo se necesita activar el botón de fundido cruzado automático (ubicado en el margen superior derecho de la zona de eventos) y, al ajustar el cursor en la zona del corte, este cambiará de icono. Luego, se puede hacer clic y arrastrar para aplicar el fundido (como se muestra en la ilustración 8.10). El fundido cruzado es editable, y se puede ajustar su tamaño utilizando los tiradores en la región. Es recomendable situar el fundido en la parte de menor volumen del pasaje de audio, ya que esto hará que la transición sea aún más suave.

Ilustración 8.10. Fundido cruzado. Elaboración propia.

8.16. Duplicar regiones

Si queremos crear un groove, loop o patrón y repetirlo varias veces para desarrollar nuestra grabación, es necesario duplicarlo. Esto se puede lograr de diferentes maneras:

Una opción es seleccionar el fragmento que deseamos duplicar y presionar Ctrl + D. Cada vez que usemos este atajo, la región o regiones seleccionadas se duplicarán y se colocarán justo después del último fragmento seleccionado.

Otra alternativa es utilizar el "portapapeles" para copiar y pegar una o varias regiones. Para copiar, usamos Ctrl + C y para pegar, Ctrl + V. Además, si optamos por un pegado especial (menú Edición/Pegado especial o atajo Ctrl + Alt + V), podemos definir cuántas veces queremos que se pegue el fragmento seleccionado. Sin embargo, es importante tener en cuenta que las copias se pegarán a partir de la ubicación de la barra de reproducción, no al final del fragmento seleccionado.

Si estamos trabajando con una pista MIDI, también podemos utilizar el secuenciador por pasos en la parte superior derecha del clip (ver ilustración 8.11). Luego, al llegar al final del clip que queremos duplicar, y cuando el cursor cambie de ícono, hacemos clic y arrastramos hacia la derecha. De esta manera, la región seleccionada se duplicará tantas veces como deseemos.

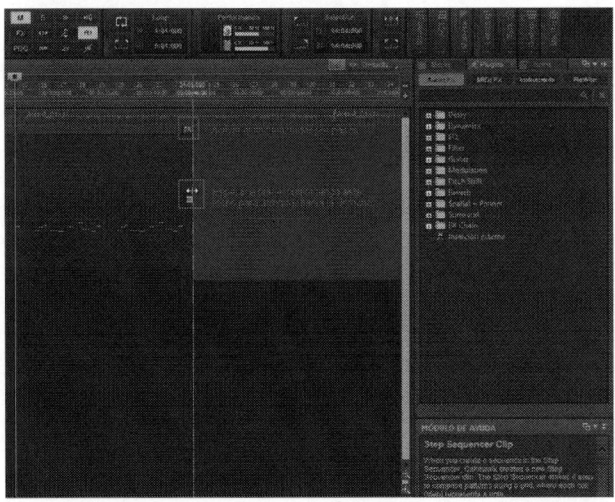

Ilustración 8.11. *Duplicar pista MIDI arrastrando la región. Elaboración propia.*

Si siguiésemos moviendo el puntero hacia la derecha se seguirían clonando las regiones.

8.17. El bounce (combinación de pistas)

En la pestaña "pistas" (tracks), ubicada en la parte superior de la zona de pistas, el comando "Combinar en pista(s)" (Bounce to Track(s)) permite fusionar una o varias pistas de audio en una submezcla (ver ilustración 8.12). Esta submezcla puede ser una pista mono, estéreo o varias pistas mono que contienen la mezcla de las pistas originales, manteniendo el volumen, la panorámica y los efectos aplicados a cada pista. Tras su creación, las pistas de submezcla funcionan como cualquier otra pista: es posible editarlas, añadir efectos, copiarlas a otros proyectos, etc. Las pistas de audio originales no se eliminan, por lo que puedes archivarlas para usarlas más adelante o seguir utilizándolas como antes.

Además, si la mezcla es tan compleja que la reproducción en tiempo real resulta imposible debido a la gran cantidad de pistas, realizar un bounce almacena el resultado en una única pista. Esto reduce la carga en la CPU y permite una reproducción más fluida de la mezcla. Esta opción también es útil para convertir una pista MIDI en una pista de audio para aplicarle diferentes tratamientos.

Ilustración 8.12. Menú combinar pistas (bounce to track). Elaboración propia.

8.18. Historial de eventos

En Cakewalk, el historial de eventos te permite ver y gestionar todas las acciones realizadas durante una **sesión completa de trabajo**. Esta función registra todas las modificaciones efectuadas en el proyecto, como la adición o eliminación de pistas, la aplicación de efectos y los ajustes en la mezcla. Al tener un registro detallado de cada cambio, puedes revisar y revertir acciones específicas si es necesario. Además, el historial de eventos facilita la tarea de deshacer (Ctrl + Z) o rehacer (Ctrl + Y) cambios, ofreciendo un control preciso sobre el proceso de edición y producción. Así, puedes corregir errores o ajustar elementos sin perder el progreso ya realizado en tu proyecto.

8.19. La pista MIDI

La pista MIDI se emplea para controlar instrumentos MIDI, como sintetizadores (ya sean reales o virtuales) o samplers. Además, permite editar la información MIDI. Puedes agregar una pista MIDI a tu proyecto desde el menú Insertar/pistas MIDI o haciendo clic derecho en la columna de pistas y seleccionando "Insertar pista MIDI". El atajo de teclado para esta acción es Ctrl + Mayús + T.

Las pistas MIDI cuentan con una entrada, una salida, un selector de banco, un selector de canal para la reproducción de sonidos y un selector de sonido (patch) para elegir el sonido a reproducir. Como la pista MIDI no produce sonido por sí sola, necesitas asignarle un sonido dirigiendo su salida a un sintetizador (soft synth), el cual debe estar insertado previamente en el proyecto. Cakewalk incluye un sintetizador llamado TTS-1 (ver ilustración 8.13). Para conectar un instrumento analógico al canal MIDI, es necesario conectar el dispositivo al ordenador mediante USB o cable MIDI. Los sintetizadores pueden tener cientos o incluso miles de sonidos diferentes, conocidos como "patches". Estos sonidos suelen organizarse en bancos de 128 patches cada uno, y MIDI soporta hasta 16.384 bancos, lo que equivale a más de 2 millones de patches.

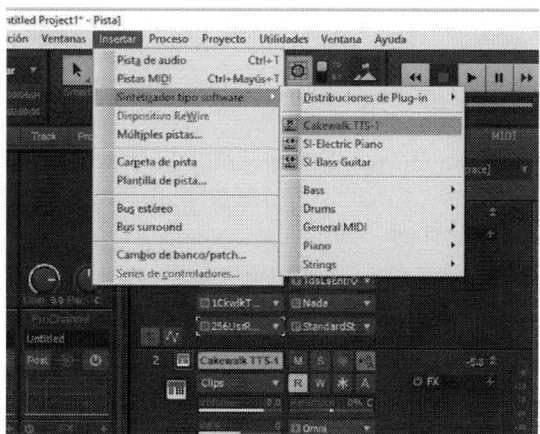

Ilustración 8.13. Insertando el sintetizador TTS-1 en el proyecto. Elaboración propia.

Una vez conectado el instrumento, puedes grabar en la pista MIDI activando la grabación de pista (el botón REC del canal) y luego el botón REC en la barra de transporte. Al tocar algunas notas, si ves puntos o líneas en la región creada al detener la grabación (ver ilustración 8.14), la grabación ha sido exitosa. En caso contrario, revisa la configuración del dispositivo MIDI en las preferencias (atajo de teclado P y sección MIDI). Si no tienes un piano, los DAW ofrecen controladores virtuales como pianos o el teclado del ordenador para insertar notas en la pista MIDI (ver sección sobre inserciones MIDI). Puedes acceder a esta opción desde el menú Ventanas/Controladores virtuales (ver ilustración 8.15) o mediante atajos de teclado (Alt + 0 para el controlador de teclado del ordenador y Alt + Mayús + 0 para el piano).

Ilustración 8.14. *Notas MIDI. Elaboración propia.*

Si no sabes tocar el piano u otro instrumento MIDI, también puedes añadir notas a la pista MIDI dibujándolas con la herramienta lápiz en la ventana piano roll, accesible desde el menú "Ventanas/Piano Roll". Dado que las pistas MIDI no tienen audio, no cuentan con inserciones, envíos ni ecualización, solo pueden tener plugin que procesen MIDI y no audio (ver ilustración 8.16). Con las pistas MIDI, un solo sintetizador puede manejar hasta 16 canales de instrumentos, cada uno asignado a un canal diferente, permitiendo organizar los instrumentos por familias y asignarles salidas distintas. Por ejemplo, una orquesta podría tener salidas separadas para cuerdas, maderas, metales y percusiones, utilizando un único sintetizador. Ten en cuenta que, dado que la mayoría de los proyectos incluyen múltiples pistas y cada una suele tener un sonido diferente, el sonido que escucharás al presionar una tecla en tu controlador MIDI dependerá de la pista seleccionada en ese momento.

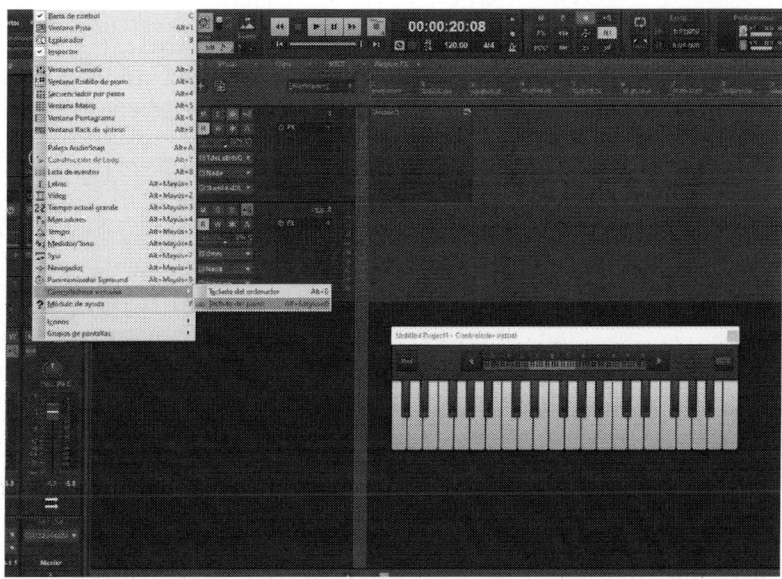

Ilustración 8.15. Controlador virtual. Elaboración propia.

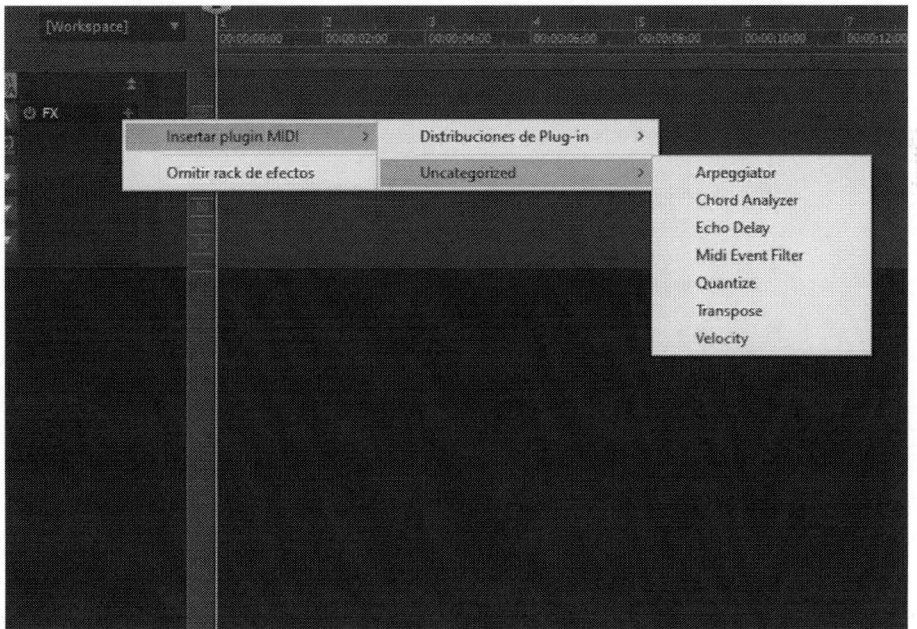

Ilustración 8.16. Plug-in procesadores de MIDI. Elaboración propia.

NOTA: Un teclado controlador, comúnmente llamado "teclado MIDI", no emite sonidos por sí mismo, sino que envía señales para que otros instrumentos, reales o virtuales, produzcan sonido. Por otro lado, un teclado musical (sintetizador o sampler) sí genera sonido propio, pero puede funcionar como teclado controlador para disparar notas de otros instrumentos si tiene conexión MIDI.

8.20. La pista de instrumento

Puedes añadir un instrumento al proyecto desde el menú "Insertar/Insertar sintetizador tipo software" o haciendo clic derecho en la columna de pistas y seleccionando "Insertar instrumento". Al igual que las pistas MIDI, las pistas de instrumento incluyen una entrada, una salida, un selector de banco (bank), un selector de canal para la reproducción de sonidos, y un selector de sonido (patch) para elegir el sonido que reproducir.

Una pista de instrumento se compone esencialmente de dos partes: una pista MIDI y una pista de audio, ambas vinculadas al mismo instrumento MIDI. Esto te permite procesar los datos MIDI enviados a un sintetizador de software y la señal de audio devuelta por el sintetizador como si fuera audio real (ver ilustración 8.17), lo que facilita el control de todos estos parámetros desde la misma pista.

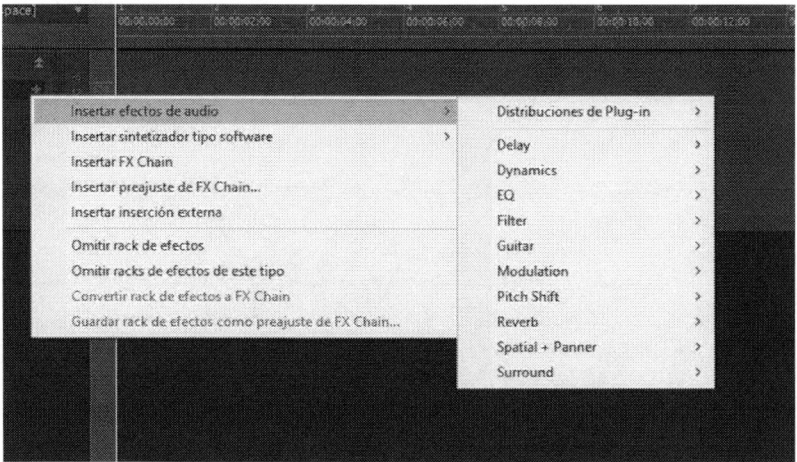

Ilustración 8.17. *Efectos de audio disponibles en una pista de instrumento.*

Si tu ordenador tiene recursos limitados, utilizar pistas de instrumento puede no ser ideal. Con pistas MIDI, un solo sintetizador puede manejar hasta 16 canales de instrumentos, mientras que con pistas de instrumento necesitarías 16 sintetizadores, ya que cada pista de instrumento requiere una instancia nueva, utilizando así muchos más recursos. En cambio, si tu ordenador es potente y tiene mucha memoria RAM, el consumo de recursos no debería ser un problema, permitiéndote trabajar con pistas de instrumento sin inconvenientes.

Además, asegúrate de que tu DAW sea de 64 bits, ya que una versión de 32 bits limita el uso de memoria a 4 GB, independientemente de cuán potente sea tu ordenador.

8.21. Diferencias entre pista MIDI y de instrumento

La salida de una pista MIDI no produce sonido porque solo contiene información MIDI. En cambio, una pista de instrumento sí genera sonido al estar asociada a un instrumento virtual. Debido a que la pista de instrumento produce audio, tiene la capacidad de incorporar inserciones, envíos y ecualización, aspectos que no son necesarios para la pista MIDI y, por lo tanto, no están presentes en ella.

Otra diferencia radica en cómo se configuran para producir audio. En una pista de instrumento, se carga un instrumento virtual, por lo que se necesita una pista de instrumento por cada instancia del instrumento virtual. Para asignar una pista MIDI a un instrumento virtual, primero hay que insertar el instrumento en el proyecto. En Cakewalk, por ejemplo, se puede utilizar el instrumento TTS-1, que se importa desde el menú "Insertar/Sintetizador tipo software/TTS-1". Esto permite que múltiples pistas MIDI se dirijan a una única instancia del instrumento virtual, que puede generar diferentes sonidos en distintos canales. De este modo, un solo instrumento virtual puede recibir datos de varias pistas MIDI y producir sonidos variados desde una sola instancia, lo que reduce significativamente el consumo de recursos del sistema.

8.22. Tecnología VST

VST, que significa Virtual Studio Technology (Tecnología de Estudio Virtual), es una interfaz estándar creada por Steinberg, utilizada en programas como Cubase y Nuendo. Esta tecnología permite simular instrumentos musicales físicos o procesadores de audio analógicos mediante software. Con VST, es posible tocar una guitarra, un piano o un sintetizador usando solo un ordenador y un DAW.

Los plugins VST se ejecutan en aplicaciones que soportan esta tecnología, y la mayoría de los DAW, incluido Cakewalk, son compatibles. Puedes encontrar numerosos plugins e instrumentos VST gratuitos en sitios como https://www.pluginboutique.com/. Es importante descargar e instalar versiones de 64 bits en lugar de 32 bits, ya que los plugins de 32 bits solo permiten utilizar hasta 4 GB de RAM.

Para que Cakewalk reconozca nuevos plugins o instrumentos VST, debes acceder a las preferencias (Edit/Preferences o con el atajo de teclado P) y buscar en la sección "File" el subapartado "VST settings". En la ventana "VST Scan Path", puedes definir la ruta que el DAW debe escanear en busca de nuevos VST (ver ilustración 8.18). Una vez que los nuevos plugins sean reconocidos, puedes insertarlos en tu proyecto. Para insertar un instrumento, ve al menú "Insertar/Soft Synth" y lo encontrarás en la opción "no categorizado" (ver ilustración 8.19). Cakewalk mostrará una ventana de opciones para la inserción del instrumento (ver ilustración 8.20). Alternativamente, puedes hacer clic derecho en la columna de pistas y seleccionar "Insertar instrumento", luego elige el instrumento en la ventana emergente y haz clic en "Crear".

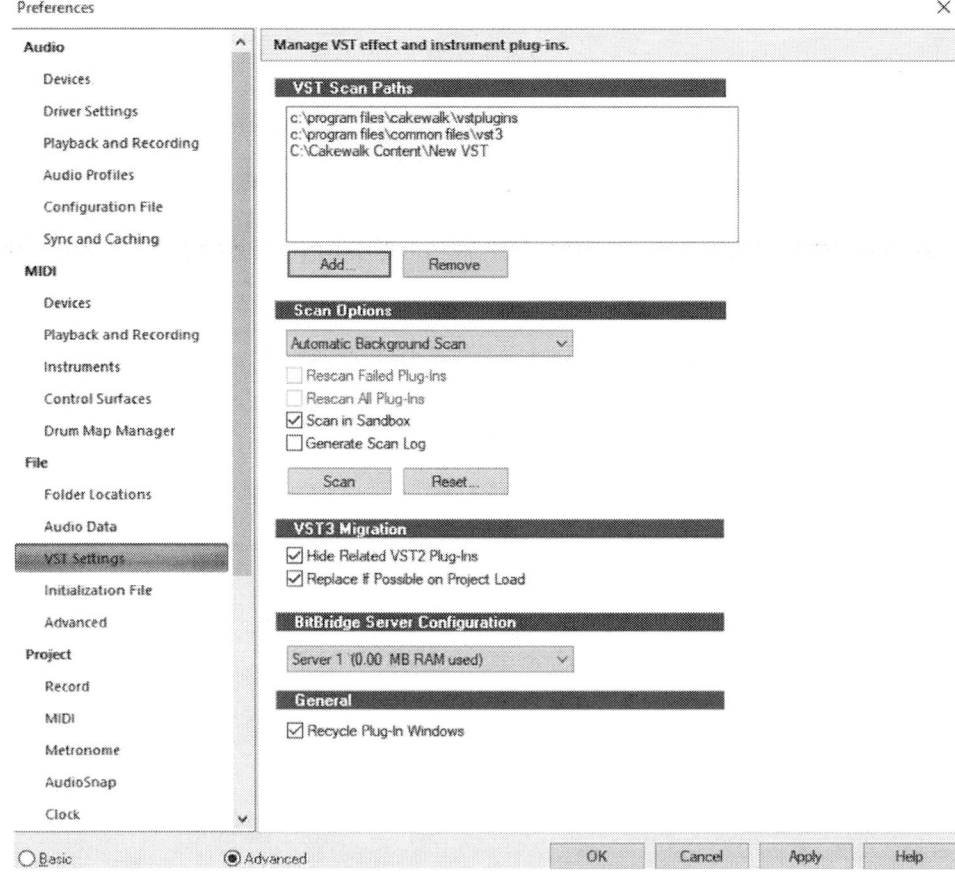

Ilustración 8.18. *VST Settings. Elaboración propia.*

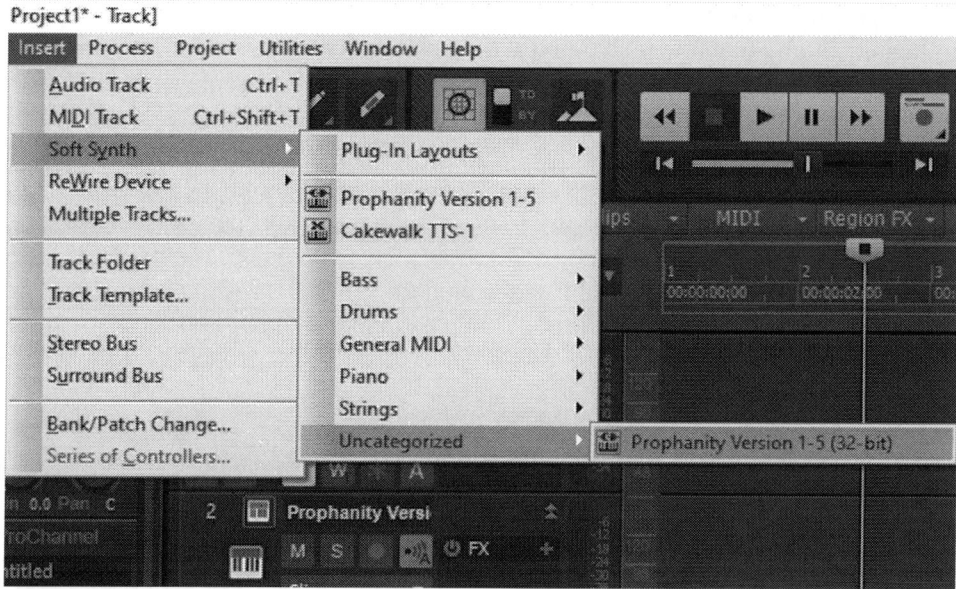

Ilustración 8.19. *Cómo insertar un nuevo instrumento VST en el proyecto. Elaboración propia.*

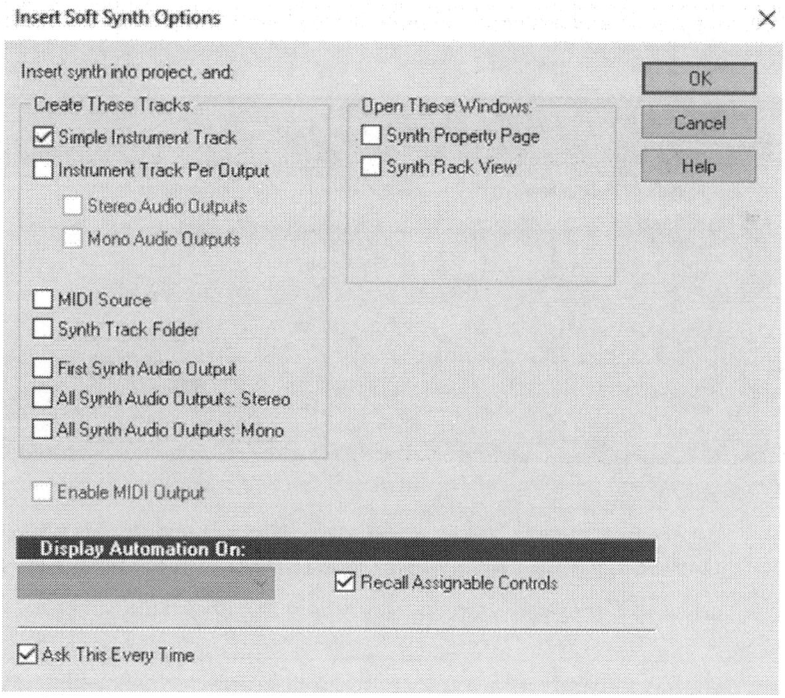

Insert Soft Synth Options ✕

Insert synth into project, and:

Create These Tracks:
- ☑ Simple Instrument Track
- ☐ Instrument Track Per Output
  - ☐ Stereo Audio Outputs
  - ☐ Mono Audio Outputs

- ☐ MIDI Source
- ☐ Synth Track Folder

- ☐ First Synth Audio Output
- ☐ All Synth Audio Outputs: Stereo
- ☐ All Synth Audio Outputs: Mono

- ☐ Enable MIDI Output

Open These Windows:
- ☐ Synth Property Page
- ☐ Synth Rack View

[OK]
[Cancel]
[Help]

Display Automation On:

☑ Recall Assignable Controls

☑ Ask This Every Time

Ilustración 8.20. *Ventana de opciones de inserción del nuevo instrumento VST. Elaboración propia.*

Si deseas procesar audio con un plugin VST, como un compresor o una reverberación, en una pista de instrumento o de audio, debes acceder al rack de efectos (FX) de la pista correspondiente y buscar en la opción "no categorizados" (ver ilustración 8.21). Esta tecnología facilita la producción profesional para cualquier usuario, ya que tanto los DAW como los plugins VST gratuitos están ampliamente disponibles. No obstante, es muy importante usar estos plugins con moderación para evitar distorsiones u otros problemas de señal, ya que el uso excesivo puede ser contraproducente. Además de VST, existen otras tecnologías similares como RTAS (Real Time AudioSuite) de Digidesign para Pro Tools y AU (Audio Units) de Apple para Logic, aunque esta última solo está disponible para MacOS.

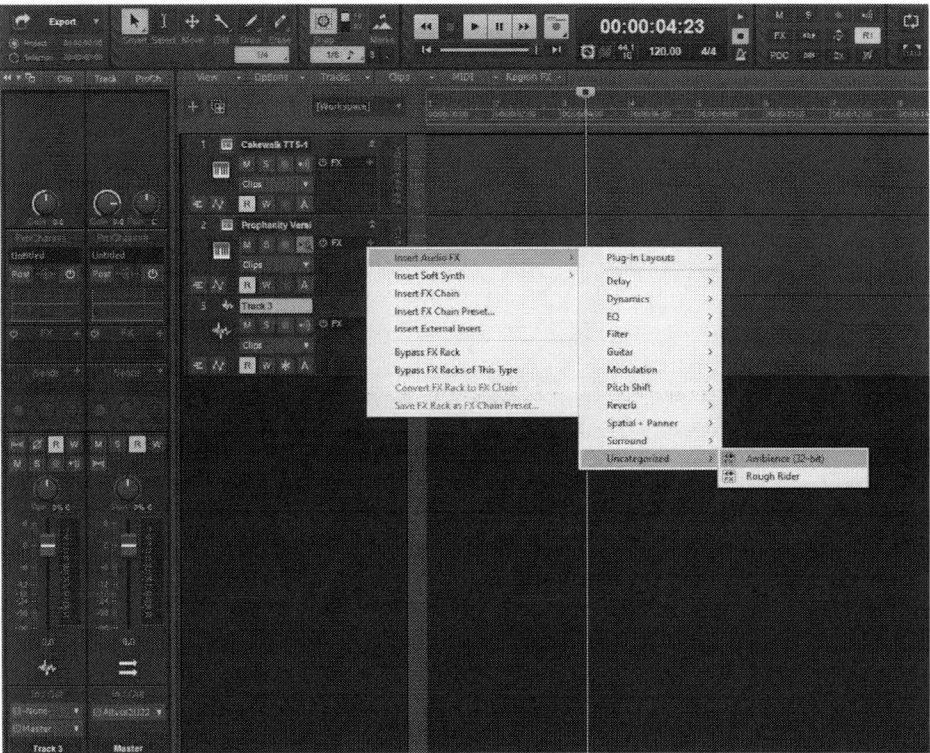

Ilustración 8.21. *Cómo insertar un nuevo plug-in VST en una pista de instrumento o de audio. Elaboración propia.*

8.23. Grabación cíclica para audio y MIDI

Por lo general, para grabar una toma se inicia la grabación, se realiza la toma y luego se detiene. Si el resultado no es satisfactorio, se elimina la toma y se vuelve a intentar, lo que puede resultar en un proceso largo y tedioso.

Afortunadamente, tanto en la grabación de audio como de MIDI, se puede realizar múltiples tomas dentro de una misma sesión mediante una técnica llamada grabación cíclica. Esto permite grabar varias tomas en un ciclo continuo y luego seleccionar la mejor o combinar fragmentos de diferentes tomas. Para utilizar la grabación cíclica, primero debes definir el área en la que se repetirá la grabación, estableciendo el loop en Cakewalk con el módulo "Loop" y seleccionando el punto de inicio y final.

Hay cuatro formas de gestionar los clips grabados:

- La primera opción es utilizar el modo **"acompañamiento"** (comping), que es el predeterminado (ver ilustración 8.22). Permite realizar múltiples grabaciones cíclicas en la misma pista y área de loop. Después de grabar varias tomas, puedes revisar todas las pistas grabadas y seleccionar los mejores fragmentos para crear una toma final perfecta.
- La segunda opción es el modo **"sobrescribir"** (overwrite), donde cada nueva grabación cíclica reemplaza la anterior. Las tomas previas se borran para dar espacio a las nuevas grabaciones.
- La tercera opción es el modo **"sonido sobre sonido"** (sound on sound), que permite superponer las nuevas tomas a las anteriores, facilitando escuchar todas las tomas simultáneamente. Este modo es ideal para doblar voces y verificar afinaciones.
- La cuarta opción consiste en grabar **cada toma en una pista separada**. Cada toma se coloca automáticamente en una nueva pista vacía, lo que ofrece mayor flexibilidad y control sobre cada toma, aunque requiere más recursos y tiempo para la edición (ver ilustración 8.22).

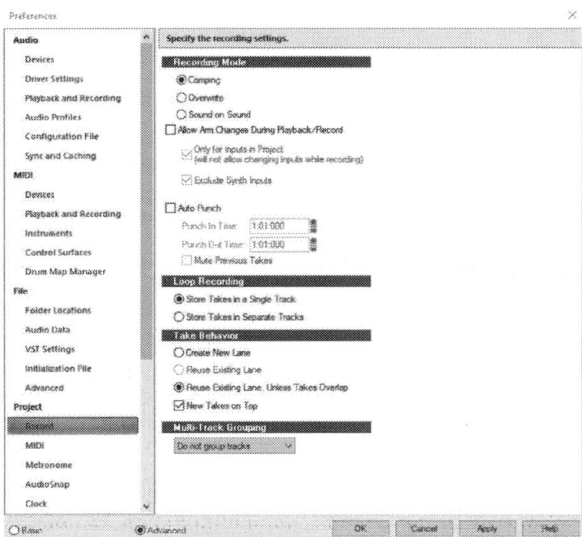

Ilustración 8.22. Ventana de ajustes de la grabación cíclica. Elaboración propia

Para eliminar todas las tomas de una grabación cíclica, simplemente presiona CTRL + Z para borrar todas las tomas de una vez.

8.24. La cuantización

La cuantización es una herramienta esencial en la edición musical. Se utiliza para corregir errores de sincronización al grabar con un instrumento MIDI o para alinear clips de audio. La mayoría de los músicos, al grabar música o ritmos, tienden a tocar ligeramente antes o después del tiempo exacto, o a extender o acortar notas más de lo necesario. Aunque es posible mover estas notas para que queden perfectamente alineadas, esto puede hacer que la música pierda su toque humano. Un buen ejemplo de esto es la música de los años 80, donde el uso extensivo de secuenciadores llevó a una música que a menudo sonaba demasiado perfecta. La imperfección sutil es valiosa en la música.

Todos los DAW incluyen una función de cuantización. En Cakewalk, hay dos métodos para aplicarla. Primero, la opción "cuantizar" (Quantize), accesible desde el menú Proceso/Cuantizar o mediante el atajo de teclado "Q", que alinea los eventos seleccionados con una cuadrícula de tiempo fija. Segundo, la opción "cuantizar Groove" (Groove quantize), disponible en el menú Proceso/Cuantizar Groove, que coloca una cuadrícula sobre una pieza musical existente y ajusta el tiempo de inicio, la duración y la velocidad de las notas para que se alineen con esa cuadrícula.

En este libro, nos enfocaremos en la opción de cuantización más común y útil para el diseño de sonido. Al seleccionar una región de audio o MIDI y presionar "Q" (atajo de teclado para cuantizar), se abre una ventana con varios parámetros ajustables (ver ilustración 8.23). El parámetro "resolución" (resolution) define el espaciado de la cuadrícula, y una buena práctica es establecerlo según la duración de la nota más corta en la región. La opción "offset" permite mover la cuadrícula antes o después en función de los tics de reloj, ajustando así el tiempo de las notas. La opción "duración" (duration) ajusta la duración de los eventos de nota para evitar superposiciones y problemas en algunos sintetizadores, alargando o acortando la duración de las notas según sea necesario.

El ajuste del parámetro "fuerza" (strength) es crucial para evitar que la cuantización haga que el proyecto suene demasiado rígido. Una fuerza del 100% alinea todas las notas perfectamente, mientras que una del 50% mueve las notas solo parcialmente hacia la posición deseada, permitiendo un ajuste más sutil. Además, la opción "swing" ajusta la cuadrícula para dar una sensación de swing a la región cuantificada, con valores que alteran el espaciado de las notas para crear un ritmo desigual (ver ilustración 8.24). Finalmente, el ajuste de "ventana" (window) permite especificar la proximidad de las notas a la cuadrícula para determinar cuáles se ajustan al cuantizar, con una ventana del 100% moviendo todas las notas y una del 50% solo ajustando aquellas cercanas a la cuadrícula.

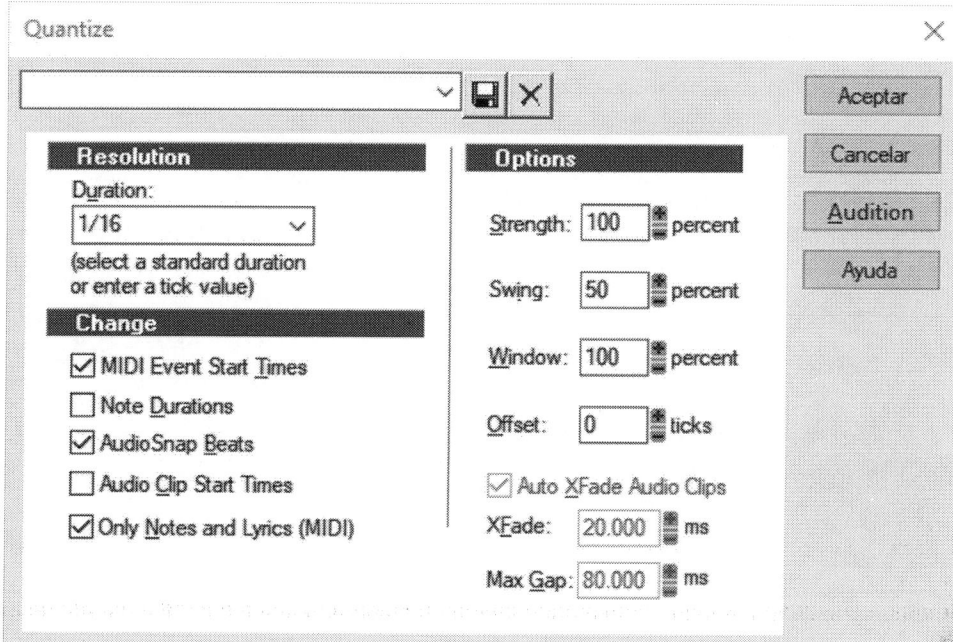

Ilustración 8.23. Ventana de ajustes de la opción "cuantizar" (quantize). Elaboración propia.

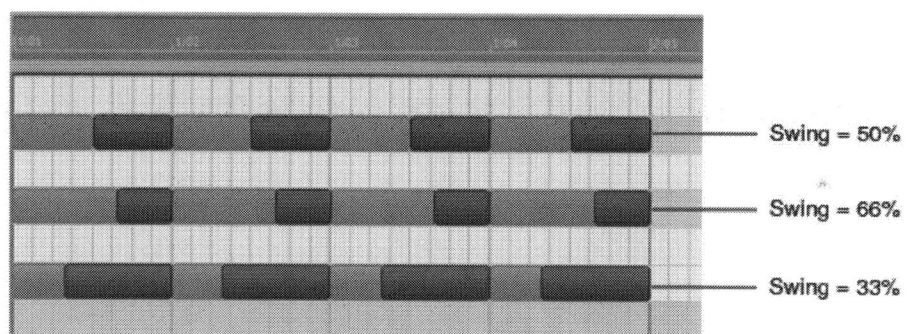

Ilustración 8.24. Porcentajes de swing. Elaboración propia.

Para observar el efecto de la cuantización en una pista de audio, primero es necesario extraer los transientes (ver ilustración 8.25). Esto se realiza seleccionando la opción "audio transient" en la pestaña situada debajo del número de la pista. Una vez hecho esto, al aplicar la cuantización, serán los transientes los que se ajusten a la cuadrícula.

Es importante no confundir la función Snap con la cuantización. Snap permite definir una cuadrícula de ajuste (snap grid) para facilitar la organización de clips y eventos de notas, ajustando las regiones a la subdivisión más cercana al moverlas, como 1/8 o 1/16. Esta función se usa principalmente en la vista de eventos o en el editor MIDI (Piano Roll) y se activa o desactiva según sea necesario, sin aplicarse a los objetos seleccionados.

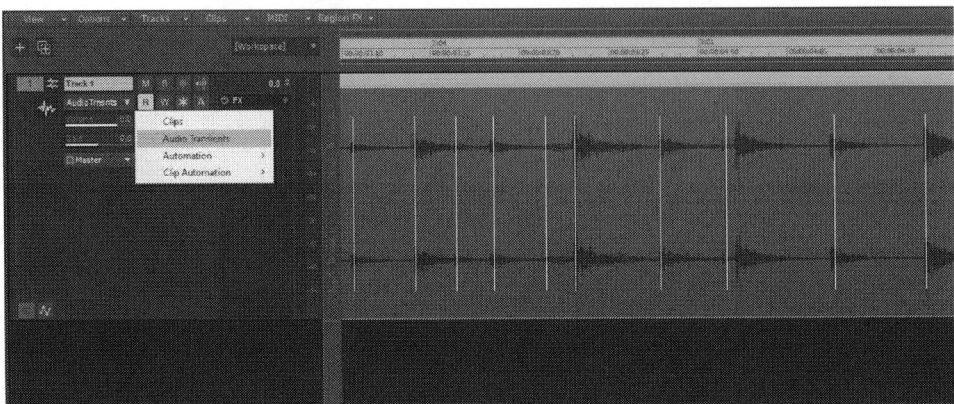

Ilustración 8.25. *Transientes de una pista de audio. Elaboración propia.*

En contraste, la cuantización ajusta automáticamente las notas MIDI o las regiones de audio a la subdivisión más cercana después de la grabación. Ofrece una gama más amplia de opciones en términos de ritmo, como diferentes grooves y swings, que no se aplican en el modo Snap. La cuantización puede ajustarse a los objetos grabados o a objetos seleccionados y, en ocasiones, se utiliza para sincronizar el audio con una plantilla MIDI, como plantillas de groove.

8.25. La automatización

La automatización es una característica que permite grabar ajustes de control sobre cualquier parámetro durante un clip para luego reproducir esos ajustes automáticamente. En otras palabras, puedes automatizar cualquier parámetro de un plugin que esté involucrado en el procesamiento de una pista. Por ejemplo, es posible automatizar el volumen y el balance estéreo del canal para que estos controles cambien de forma automática durante la reproducción de la pista.

Para visualizar el carril de automatización, simplemente presiona el botón ubicado en la parte inferior izquierda de la pista. Luego, al hacer clic en el botón "+" en el carril, se añadirá un nuevo canal. En cada uno de estos canales, encontrarás una pestaña donde podrás seleccionar el parámetro que deseas ajustar.

Para grabar la automatización, activa la opción W (write) en la pista y reproduce la sección del proyecto en la que deseas aplicar los cambios. Una vez finalizada la grabación, regresa al inicio y reproduce la sección con la opción R (read) activada. De este modo, la automatización quedará registrada en forma de líneas visibles que se pueden editar (ver ilustración 8.26).

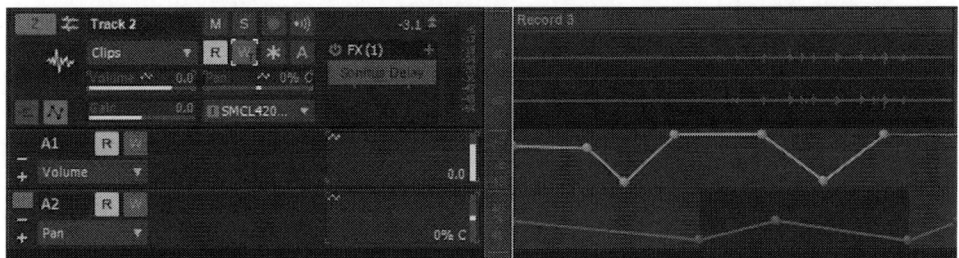

Ilustración 8.26. *Dos carriles de automatización en una pista de audio. Elaboración propia.*

También puedes "dibujar" la automatización directamente, creando puntos en la curva de automatización, aunque en este caso no podrás escuchar el audio en tiempo real.

8.26. La mezcla

Una vez que hemos ajustado cada canal de audio individualmente según nuestras preferencias, el siguiente paso es combinar todas las pistas para formar un "espacio sonoro" cohesivo. En este espacio, organizamos cada pista dentro del proyecto para lograr una mezcla coherente y bien estructurada. Los DAWs proporcionan una consola o mezclador para facilitar este proceso, la cual actúa como una interfaz gráfica que simula una mesa de mezclas física. Esta consola nos permite ver todos los canales del proyecto, incluidas las entradas, salidas, y cualquier procesamiento o buses y subgrupos. Aunque no es obligatorio realizar la mezcla directamente en esta interfaz, es altamente recomendable porque facilita la visualización y el control de todo el proyecto en su conjunto.

Cada canal en la mesa de mezclas ofrece tres funciones principales esenciales para la mezcla: ajustar el volumen, controlar la panoramización y procesar la señal mediante ecualización, reverberación, entre otros efectos. En Cakewalk, la consola se puede desplegar desde el menú de ventanas/consola o utilizando el atajo Alt + 2. Para tener una idea clara de la mezcla, se puede visualizar el espacio sonoro como una habitación vacía con tres dimensiones: ancho (eje x), alto (eje y) y largo (eje z). Esta visualización ayuda a entender cómo posicionar y balancear las pistas dentro del espacio sonoro (ver ilustración 8.27).

Ilustración 8.27. Consola de mezclas de Cakewalk. Elaboración propia.

La tarea consiste en posicionar todos los sonidos del proyecto dentro del espacio sonoro sin que se interpongan entre sí. Para lograrlo, contamos con tres herramientas principales:

El **panoramizador** (pan) permite situar un sonido a lo largo del eje horizontal (eje x), distribuyendo la señal entre los canales izquierdo y derecho del espacio estéreo. El **control de volumen** determina la proximidad o lejanía del sonido, moviéndolo a lo largo del eje de profundidad (eje z) en el espacio. Por último, el **tono del sonido** indica su altura en el espacio, situándolo en cualquier punto entre el suelo y el techo (eje y).

Por ejemplo, si en una imagen de un proyecto visual un personaje está ubicado a la izquierda, deberemos mover los sonidos asociados a ese personaje (como efectos de Foley) hacia la izquierda usando el panoramizador. También podemos ajustar su posición en profundidad mediante el volumen, dependiendo de la importancia de esos sonidos. En cuanto a la altura, cada sonido se posicionará de manera natural en la "habitación" según su tono (frecuencia fundamental), creando una sensación de altura. Así, una mezcla debe equilibrar adecuadamente la "altura" de los sonidos para evitar que se solapen, y la ecualización puede ajustar estos rangos de frecuencia posteriormente. En el caso de videojuegos, la mezcla debe programarse para adaptarse a los movimientos y eventos que el jugador genere, dado que el flujo de la imagen no es lineal.

8.27. La masterización

La masterización es el proceso que se aplica a la señal del canal Master, el cual recibe todas las pistas del proyecto y representa la salida final. Este canal contiene una única pista estéreo con la mezcla final del diseño, por lo que la masterización se considera un ajuste final en lugar de una modificación profunda. Su objetivo es proporcionar cohesión, cuerpo y un poco más de intensidad a la mezcla final.

Entre los procesos comunes en la masterización se encuentran la ecualización para corregir desequilibrios en el espectro de frecuencias, asegurando que graves y agudos estén bien balanceados. La compresión se utiliza para incrementar la intensidad de la señal final y unir partes de la mezcla que podrían no estar completamente cohesionadas. El limitador se emplea para evitar picos no controlados en la señal, previniendo la saturación del audio y protegiendo los altavoces de posibles daños.

Aunque una buena mezcla puede mejorar un diseño de sonido deficiente (haciendo que suene bien a pesar de sus problemas), una mala mezcla no puede ser corregida por una excelente masterización. En la entrega final de un diseño de sonido, es común que las partes vocales (diálogos) se entreguen por separado del resto.

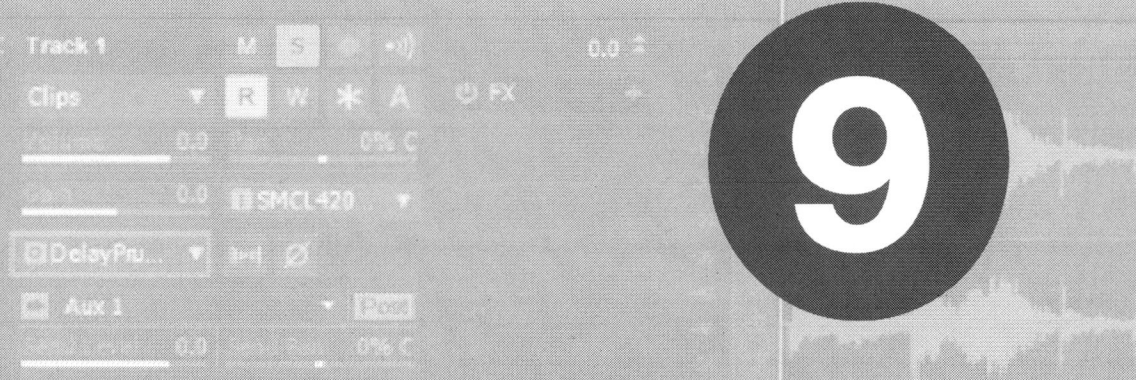

HERRAMIENTAS DE PROCESAMIENTO EN EL DISEÑO SONORO

9

Es muy probable que la señal que hemos grabado no sea el resultado final que esperamos. Lo habitual es querer manipular esta señal para corregir defectos, realzar sus virtudes o añadir nuevas características para conseguir un mejor resultado final.

Los procesadores de efectos o de señal nos permiten modificar las características de la señal de audio. Los procesadores de efectos en los DAW se suelen utilizar de manera individual, aunque también existen los procesadores multiefectos que contienen un elevado número de efectos diferentes preprogramados.

Hay dos maneras de procesar señales: en la propia pista como un inserto o a través de un canal auxiliar llamado retorno. Cuando la señal se procesa a través de un inserto, la señal, también llamada directa, seca o plana, es enviada al procesador y, después de ser procesada (señal procesada o mojada), se envía de vuelta a la pista para seguir procesándose con otros efectos o ser redirigida a la salida seleccionada (normalmente salida Master) (ver ilustración 9.1). La otra opción es utilizar un envío (send) de la pista hacia un canal auxiliar (retorno), que contendrá el procesador que queremos utilizar. El gran beneficio de los canales de retorno es que pueden ser utilizados por múltiples pistas a la vez. Esto los convierte en la mejor opción para los efectos que usamos frecuentemente en una mezcla, como la reverberación. Además, puedes crear tantos canales auxiliares como necesites. El canal auxiliar dirigirá su salida hacia la salida principal del proyecto, es decir, la salida Master (ver ilustración 9.2). Así, en el canal de salida, se encontrarán la señal seca y la señal mojada. De esta forma podrás determinar la proporción de cada una de las señales que habrá en la salida. La conexión entre la pista y el procesador se realiza a través de buses internos.

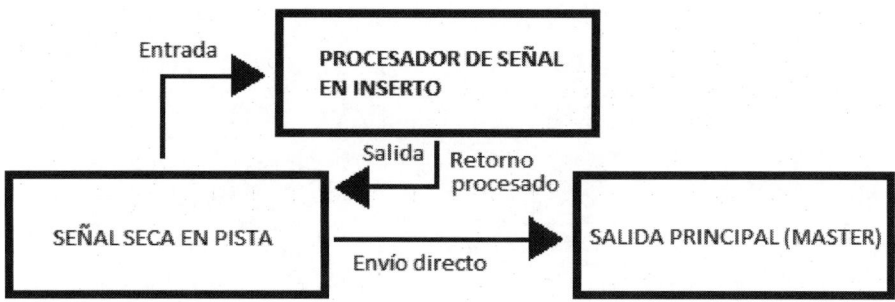

Ilustración 9.1. *Conexión de buses internos para procesar la señal a través de un inserto. Elaboración propia.*

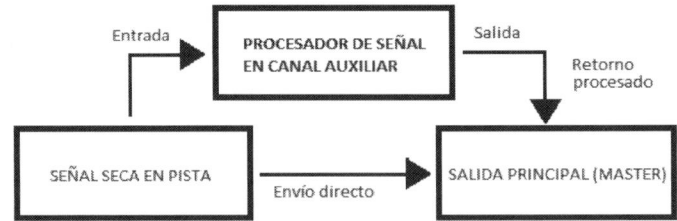

Ilustración 9.2. *Conexión de buses internos para procesar la señal a través de un canal auxiliar. Elaboración propia.*

En la ilustración 9.3 podemos ver un canal auxiliar y 2 pistas de audio cuyas salidas se han direccionado hacia el canal auxiliar (retorno). Este retorno tiene un efecto de delay, aunque podríamos asociar tantos efectos como queramos. La salida del retorno está direccionada hacia la salida principal del proyecto (salida Master). Así, las dos pistas de audio sonarán con el mismo delay.

Para poder hacer esta conexión, tenemos que ir al inspector de una pista de audio y, en la opción "envíos" (sends), crear el canal auxiliar que contendrá el procesador de señal. Después, es una buena idea cambiar el nombre del retorno (por defecto "aux 1") por otro nombre más intuitivo (yo lo he llamado DelayPrueba) para que no os confundáis más tarde.

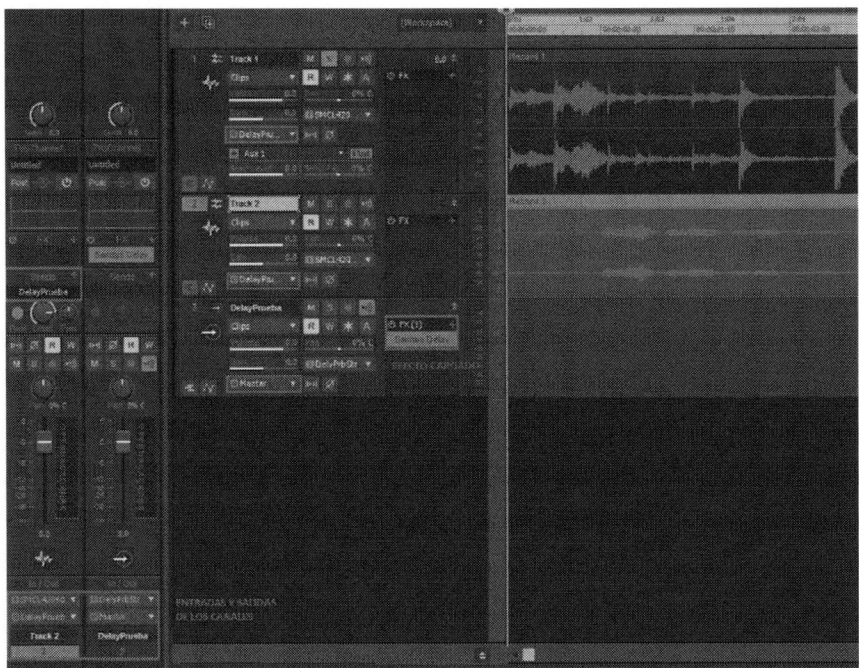

Ilustración 9.3. *Entradas y salidas de un canal auxiliar (retorno). Elaboración propia.*

Como se ha dicho antes, no se trata de tener la señal sin procesar o procesada al 100%, sino de calcular la proporción de señal seca y mojada en la salida. Es decir, necesitamos establecer cuánto efecto queremos en nuestra señal original.

Todos los DAW poseen varios procesadores de señal para ser utilizados libremente por el usuario. Vamos a ver su tipología y cómo utilizarlos...

Clasificación de los efectos

Podemos agrupar los efectos desde distintos puntos de vista. En este caso se clasificarán dependiendo de a qué parte de la señal original afecten. Así, una clasificación podría ser la siguiente:

- Efectos de tiempo.
- Efectos de dinámica.
- Efectos de pitch.
- Efectos de modulación.
- Otros efectos.

9.1. Efectos de tiempo

El sonido rebota por las superficies que se encuentra en su camino de propagación. A estos rebotes se les llama reflexiones. Así, dependiendo del tiempo de estas reflexiones podemos encontrar efectos de reverberación y efectos de eco (delay). La diferencia entre ambos son 50 milisegundos (ms). Me explico: si percibimos las reflexiones del sonido separadas más de 50 milisegundos, nuestro cerebro no integra el rayo directo con sus reflexiones y, por lo tanto, se interpretan como sonidos distintos. En caso contrario, es decir, que percibamos las reflexiones antes de 50 ms, entonces nuestro cerebro sí las integrará y oiremos un único sonido. Esto es la reverberación. Resumiendo: *el delay o eco permite distinguir entre la onda original y la repetida, mientras que la reverberación no.*

9.1.1. Reverberación

Como se ha comentado anteriormente, el sonido rebota por las superficies y a estos rebotes se les llama reflexiones. Hay materiales reflectantes que facilitan la propagación del sonido y, por lo tanto, facilitan que haya más reflexiones, y también hay materiales absorbentes, que atrapan el sonido. Por este motivo el sonido producido en un cuarto de baño alicatado con azulejos (material reflectante) suena distinto del producido en una habitación con cortinas, estanterías y libros, ya que son materiales absorbentes. Del mismo modo, un sonido producido en un recinto pequeño (las reflexiones llegan pronto al oído) suena distinto de uno producido en una catedral (las reflexiones llegan más tarde). Esta diferencia de la que hablo tiene que ver con la reverberación. La reverberación mide cuántas reflexiones hay en una sala y cuándo las percibimos. Por lo tanto, si la sala es grande habrá más tiempo de reverberación que en una sala pequeña.

Estas reflexiones llegan retrasadas respecto del sonido original (al que llamamos sonido o rayo directo), con una distribución irregular (ver ilustración 9.4). Además, las reflexiones tienen una intensidad sonora menor. Este efecto tiene diferentes parámetros para controlar las distintas características de la reverberación. Según los valores que asignemos a estos parámetros variará el efecto y, por lo tanto, el procesado de la señal.

El tiempo de reverberación es el tiempo necesario para que el nivel de presión sonora de un sonido disminuya 60 decibelios desde que se emitió. Es decir, desde que se produce hasta que el sonido desaparece o prácticamente desaparece. El tiempo de reverberación se mide en segundos y cuanto más grande sea su valor simularemos un espacio de mayores dimensiones. Además, este valor varía según la frecuencia del sonido. Cuanto más alta sea la frecuencia, menos energía tendrá el sonido y, por lo tanto, se absorberá más fácilmente. Así, una señal musical que posea todas las frecuencias del espectro audible tendrá un tiempo de reverberación distinto para cada una de sus frecuencias. Por este motivo, se suele considerar únicamente, o bien el promedio de todos los tiempos del espectro, o bien el tiempo de reverberación de la frecuencia de 500 Hz.

A las primeras reflexiones del sonido directo se les conoce como "reflexiones tempranas" y a las reflexiones de las primeras reflexiones se les denomina "reflexiones tardías". De este modo, hasta que el sonido se apague, se irán generando reflexiones tardías. El conjunto del sonido directo, las reflexiones tempranas y las reflexiones tardías crean la reverberación.

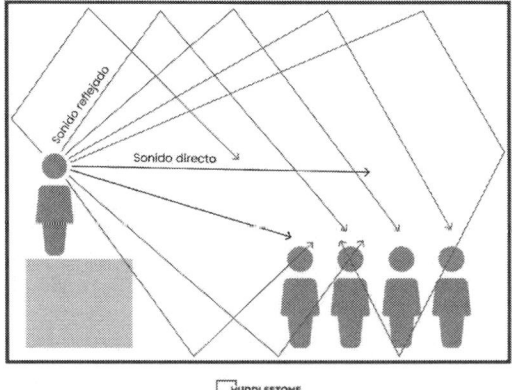

Ilustración 9.4. *El sonido que escuchamos es una mezcla del sonido directo y reflejado. Recuperado de: https://www.huddlestone.es/reverberacion/*

Las reverberaciones software emulan el sonido de la reverberación natural. Este tipo de reverberación se consigue desarrollando algoritmos que clonan la señal original, la retrasan, bajan la intensidad de las réplicas y luego las añaden a la señal original. Un problema con las reverberaciones algorítmicas es que intentan recrear un sonido natural e impredecible. La imperfección de la reverberación natural es lo que hace que suene tan "real". Para solucionar este problema se desarrollaron las reverberaciones de convolución. Se trata de grabar en una sala determinada su propia reverberación. Esto se consigue disparando una señal transiente (respuesta de impulso) y de esta forma grabas sus características reverberantes en esa sala. Así, las reverberaciones de convolución pueden aplicar estas características a otro sonido. Por lo tanto, la nueva señal suena como si sonara en la sala medida. Al capturar las imperfecciones de un espacio de esta manera, podemos tener reverberaciones que suenan mucho más "reales". Pero cuidado, no todo son ventajas. Las reverbs de convolución sólo emulan las salas medidas. Además, esta reverb consume más recursos del sistema.

A la hora de procesar la señal con una reverberación es fundamental ser sutil. Se debería añadir reverberación a cada efecto o ambiente de sonido, pero sin llamar la atención. Demasiada reverberación sobrecarga la mezcla, difumina los sonidos principales y hace que la mezcla suene poco definida.

Todos los procesadores de reverberación son similares, aunque tienen algunas diferencias. Algunos de los parámetros que nos podemos encontrar para controlar el procesado son:

- Todos los procesadores de reverberación deben tener un control de tiempo de reverberación (rev time) para medir cuánto tiempo (en segundos) durará la cola de reverberación (que el sonido se atenúe 60 dB). Recuerda que cuanto más grande sea su valor simularemos un espacio de mayores dimensiones.
- También puedes encontrar un pre-retardo (pre-delay), que es el tiempo que transcurre entre la señal inicial y la primera reflexión temprana. Es decir, si el pre-delay es largo se simulará un espacio más grande. ¡Cuidado! sonará antinatural si te pasas de tiempo.
- Un control dry/wet para controlar la cantidad de efecto en proporción a la señal original. Cuando se establece en 0%, el sonido directo permanecerá seco, es decir, sin mezclarse con la reverberación.
- Otro parámetro muy útil es la configuración del tamaño de la sala. Aumentar el tamaño aumentará el tiempo de reverberación, ya que ésta será mayor. En algunos modelos podemos regular las dimensiones de la sala (anchura, altura y profundidad) y también el ángulo que forman las paredes entre sí.
- En otros procesadores nos podemos encontrar un parámetro para controlar la forma de la sala. Así, se puede cambiar el diseño de la sala de rever-

beración. Podemos cambiarle la altura o añadirle más paredes. Con estos cambios, la reverberación será distinta.

- Otro control que puedes encontrar es la difusión (diffusion). Tiene que ver con la transmisión y la complejidad de las reflexiones con respecto al entorno. Es decir, depende de la forma y el tamaño de la sala. La reverberación no será igual si la habitación está llena o vacía. Si la difusión es alta serán más complejas las reflexiones del sonido, que será espaciado y rico.
- También puedes encontrar un control de densidad (density) para determinar el número de reflexiones que componen la reverberación.
- Otro parámetro muy útil es a vivacidad de la sala (liveness) para calcular la velocidad a la que los sonidos reflejados desaparecen. Cuanto mayor es este valor la acústica es más viva, es decir, los materiales de la sala absorben menos frecuencias agudas. Con este parámetro se puede simular si la sala tiene cortinas gruesas o alfombras o, al contrario, tiene las paredes desnudas o están hechas de un material poco habitual (como piedras o barro). Así, según este parámetro, la respuesta que podemos obtener será muy diferente.

Podemos clasificar las reverberaciones en cuatro tipos:

- Hall: reverberación de una gran sala (en torno a 1.2 sg).
- Room: reverberación de una sala pequeña.
- Chamber: reverberación de una sala con unas dimensiones más pequeñas que la "room".
- Plate: reverberación mecánica. Se trata de una placa de metal sobre la que rebota el sonido y la hace vibrar. Estas vibraciones emulan la reverberación natural.

También existen combinaciones de estos efectos para conseguir ambientes mixtos.

Cada DAW tiene sus propios procesadores de señal. En Cakewalk podemos encontrar dentro del rack de efectos dos procesadores de reverberación distintos (ver ilustraciones 9.5 y 9.6). En ellos podemos encontrar varios de los parámetros que hemos estudiado para controlar la reverberación, aunque con distinto nombre algunos de ellos. Para familiarizarte con estas nuevas herramientas, tienes manuales de ayuda. En el procesador Sonitus: Reverb lo puedes encontrar en la parte superior derecha de la interfaz. Es un botón con un signo de interrogación (ver ilustración 9.5), mientras que en el procesador BREVERB lo puedes encontrar abajo a la derecha, en el botón "manual".

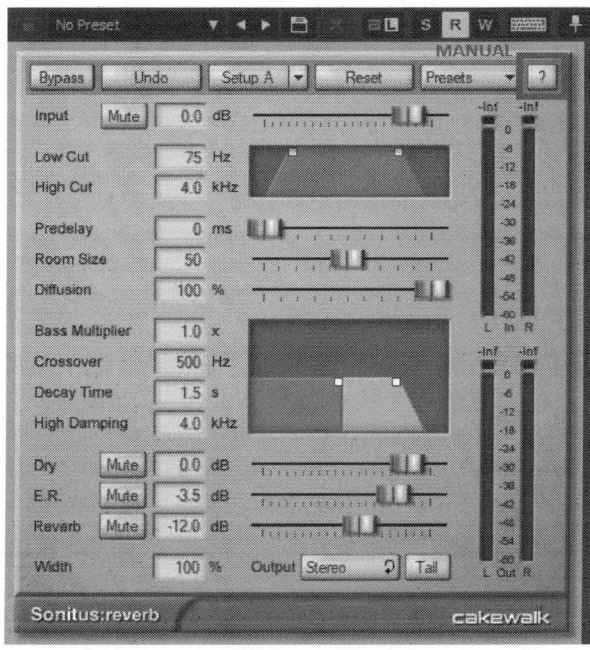

Ilustración 9.5. *Interfaz del procesador de reverberación Sonitus: reverb de Cakewalk.*
Elaboración propia.

Ilustración 9.6. *Interfaz del procesador de reverberación BREVERB de Cakewalk. Elaboración*
propia.

9.1.2. Delay

El delay o eco natural se produce cuando las dimensiones de un recinto son lo suficientemente grandes como para distinguir claramente entre el sonido original y sus reflexiones (las reflexiones llegan a nuestros oídos después de 50 ms). En este caso nuestro cerebro no integra los sonidos y, por lo tanto, diferencia entre varias señales. El delay artificial clona la señal original y reproduce la réplica con un retraso determinado. Los plugin de delay nos ofrecen una serie de controles básicos para controlar el número de réplicas del sonido original y el tiempo que se retrasarán (feedback delay).

Además, se pueden encontrar controles para moldear las repeticiones a nuestro gusto. Por ejemplo, para mantener la intensidad de las repeticiones o filtrar frecuencias con cada repetición para que éstas suenen distintas.

En Cakewalk tenemos un procesador de delay llamado Sonitus:Delay (ver ilustración 9.7). Podemos acceder a este plugin a través del rack de efectos que encontramos en el canal de audio que queremos procesar (Insertar efecto de audio / Delay). Podemos encontrar el manual de este procesador haciendo clic sobre el botón "help" que encuentras en el margen superior derecho de la interfaz (ver ilustración 9.7 remarcado sobre un rectángulo rojo). El procesador nos ofrece varios presets (preajustes) para conseguir distintos efectos en la señal procesada.

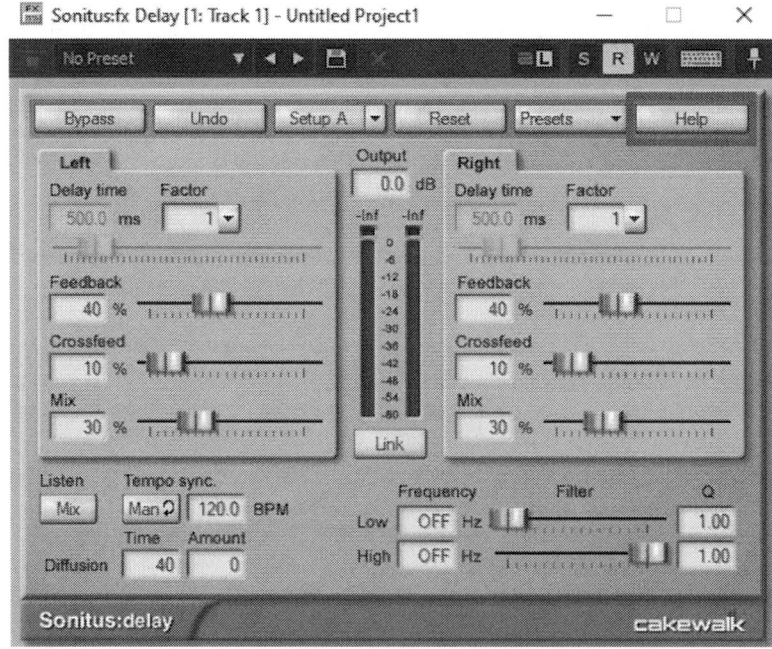

Ilustración 9.7. *Interfaz del procesador de reverberación Sonitus: Delay de Cakewalk. Elaboración propia.*

9.2. Efectos de dinámica

Estos procesadores actúan sobre el rango dinámico de la señal. El rango dinámico es la diferencia de energía entre los sonidos más tenues y fuertes que podemos oír en la grabación (los de menor y mayor intensidad). Los niveles de amplitud de la señal en sistemas digitales se miden en decibelios a escala completa (dBFS –decibels full scale–). El valor máximo posible de amplitud que puede alcanzar una señal sin saturar (sin distorsionar) se asigna a 0 dBFS. Es decir, toda la señal digitalizada se tiene que establecer en valores negativos de dBFS.

Así, a mayor diferencia de dBFS entre sonidos tenues y fuertes, mayor rango dinámico. Un procesador de dinámica consigue que el rango aumente o disminuya dependiendo de lo que necesitemos en cada momento. Podemos encontrar cuatro tipos de procesadores: compresores, limitadores, expansores y puertas de ruido.

9.2.1. Compresores

El compresor reduce el rango dinámico de una señal. Probablemente lo que busquemos no sea esta reducción, sino ganar intensidad, es decir, amplificar la señal sin superar los 0 dBFS para no saturar. El compresor consigue aumentar la intensidad no como lo haría un control de ganancia o de volumen, sino comprimiendo la señal. Para ello, se establece un umbral a partir del cual la señal será comprimida en una proporción determinada (ver ilustración 8). Así, se gana intensidad sin saturación, pero a cambio, perdemos rango dinámico, es decir, se estrecha la diferencia entre sonidos suaves y fuertes en nuestra grabación.

La compresión de la señal está determinada por dos parámetros: relación (ratio) y umbral (threshold). Una ratio de 2:1 significa que, cuando la señal excede el umbral, el nivel de señal va a aumentar 1 dB por cada 2 dB que lo superan. Esto se considera una compresión leve. Las ratios superiores a 10:1 se consideran limitantes (ver el apartado "limitadores" más adelante).

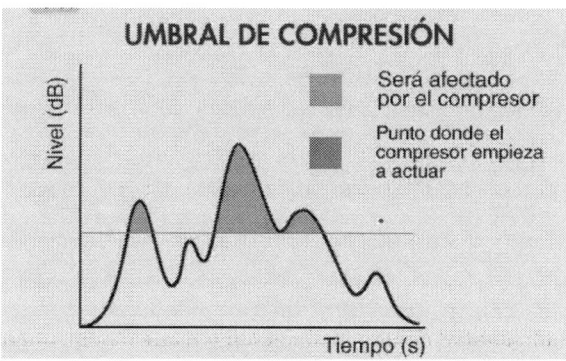

Ilustración 9.8. Umbral de compresión. Tomada de http://blog.7notasestudio.com/

La compresión también se emplea para evitar picos que puedan saturar nuestra señal o que las fluctuaciones de volumen de un sonido (cuando este se mueve cerca del límite de saturación) puedan saturar la señal. Dicho de otro modo, la compresión nos permite suavizar la salida.

Cada compresor tiene una serie de parámetros para controlar el procesado de la señal. Los más comunes que podemos encontrar son:

– El Threshold (umbral) especifica el umbral a partir del cual se va a comprimir la señal. Cuanto más bajo sea el umbral, una mayor parte de señal será procesada.
– La Ratio representa la relación de compresión de la señal al superar el umbral. Así, se puede comprimir la señal entre 2:1 (compresión leve) y 10:1 (compresión muy agresiva). A partir de esta ratio se considera limitación de señal (ver ilustración 9.9).

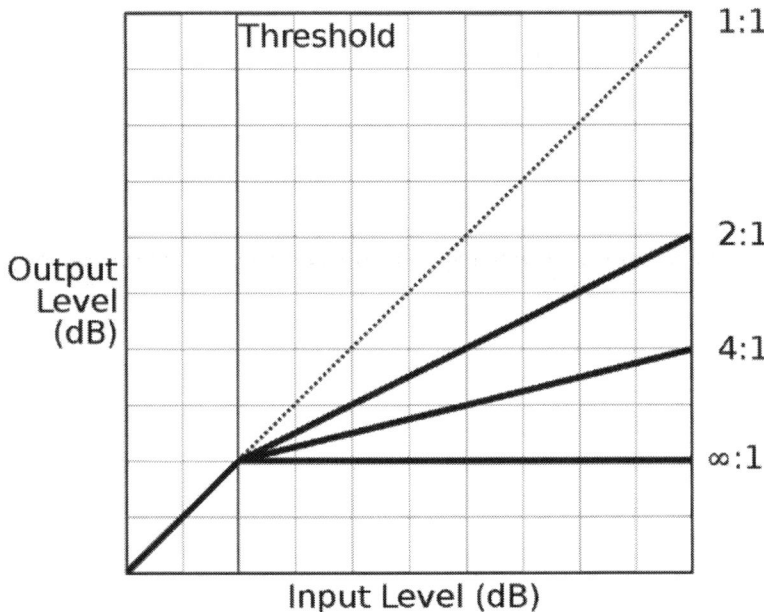

Ilustración 9.9. *Diferentes ratios de compresión. Tomada de https://es.wikipedia.org/wiki/Compresor_(sonido)*

– El attack (tiempo de ataque) es el tiempo que tarda en realizar la compresión completa de la señal tras superar el umbral perceptible (ver ilustración 9.10). Provocará una compresión más o menos larga. Es aconsejable emplear valores cortos para que la compresión sea rápida y eficaz, pero no demasiado cortos, ya que el efecto sería.

- El release (tiempo de recuperación) es el tiempo que se tarda en "volver a la normalidad" una vez que la señal ha dejado de sobrepasar el nivel umbral. Es decir, el compresor deja de actuar sobre la señal. Si este tiempo es muy corto el efecto puede ser perceptible porque puede producir un desequilibrio de niveles (ver ilustración 9.10).
- El parámetro knee (rótula o rodilla) se utiliza para definir si la señal que supera el umbral se procesa de inmediato o de manera más gradual. Hay dos tipos: Soft y Hard Knee. El primero hace una compresión más gradual, mientras que Hard Knee proporciona una compresión más agresiva y precisa.
- La ganancia (gain) controla la cantidad de ganancia que se agrega o resta de la señal comprimida en la salida.

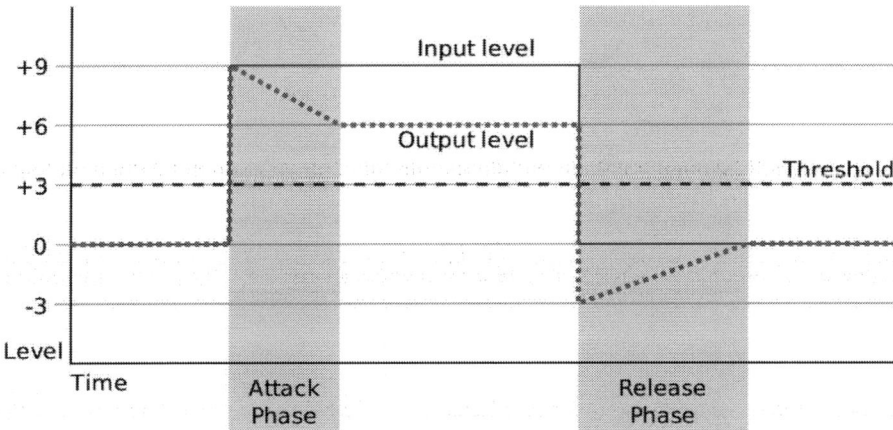

Ilustración 9.10. *Attack y release del compresor. Tomada de https://es.wikipedia.org/wiki/ Compresor_(sonido)*

En Cakewalk podemos encontrar el plug-in Sonitus:fx Compressor (ver ilustración 9.11). Podemos acceder a esta herramienta desplegando el rack de efectos del canal donde se encuentre la señal que queremos procesar. Después selecciona Insertar efecto de audio y dinámica. Puedes encontrar el manual de este procesador al hacer clic en el botón '?' en el margen superior derecho de la interfaz. El procesador viene equipado con varios presets (distintos ajustes de compresión).

Además, es muy habitual encontrar en todos los DAW otra herramienta más de compresión. Se trata de los compresores multibanda. La única diferencia con respecto a lo explicado con anterioridad es que nos permite hacer distintos tipos de compresión según la banda del espectro que hayamos seleccionado. En este caso, Cakewalk nos ofrece un plug-in llamado Sonitus:fx Multiband (ver ilustración 9.12). Está dividido en 5 bandas seleccionables. Se puede asignar una compresión distinta a cada una de esas bandas. También nos ofrece presets de compresión.

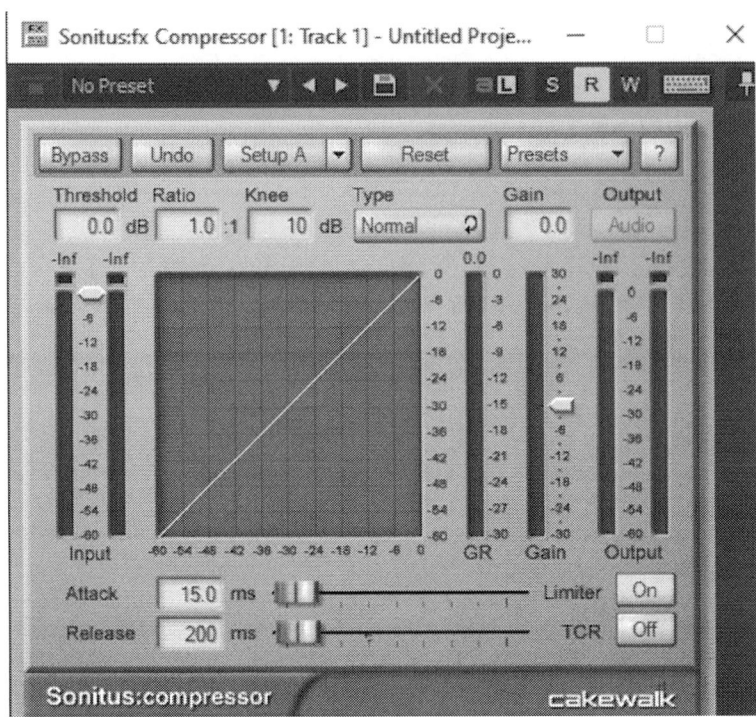

Ilustración 9.11. *Interfaz del plugin Sonitus fx: Compressor. Elaboración propia.*

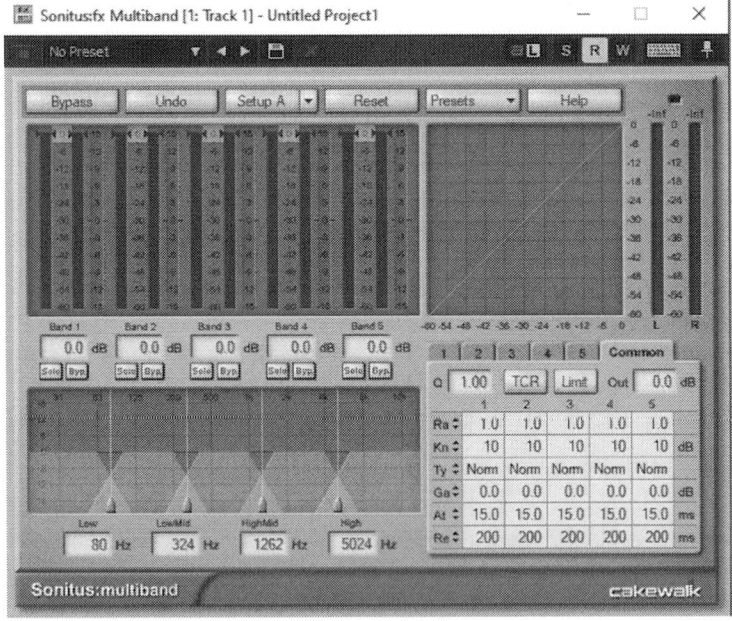

Ilustración 9.12. *Compresor multibanda Sonitus:fx Multiband de Cakewalk. Elaboración propia.*

9.2.2. Limitadores

El limitador es similar al compresor, ya que también reducen el rango dinámico y también su función es amplificar la señal hasta un umbral determinado. La diferencia con respecto al compresor es que este funciona gradualmente para reducir la señal, es decir, hay una proporción en la atenuación de la señal, mientras que el limitador impide cualquier aumento de ganancia a partir del umbral seleccionado. El limitador se utiliza principalmente como herramienta de masterización. Cuando a un compresor se le asigna una ratio de compresión de más de 10:1 se le suele considerar limitador, ya que la señal se está comprimiendo tanto que apenas prospera. Resumiendo: en un compresor, cuando la señal llega al umbral, esta se atenúa progresivamente, mientras que con un limitador la señal no progresa, es decir, se corta bruscamente. Por este motivo, el efecto del limitador es mucho más agresivo, lo percibimos mucho más y, debido a esto, si decidimos usarlo hay que ser cauteloso con el procesado.

Cakewalk nos ofrece el plugin Boost 11 (ver ilustración 9.13). Al igual que con otros procesadores podemos acceder a esta herramienta a través del rack de efectos de un canal de audio (Insert Audio FX / Dynamics). El plugin viene con algunos presets. Es tan sencillo de usar que no viene con ningún manual.

Ilustración 13. *Limitador de Cakewalk. Elaboración propia.*

9.2.3. Expansores

El expansor hace el proceso inverso de un compresor, es decir, aumenta el rango dinámico. Se trata de reducir el nivel de una señal que no supera un cierto umbral establecido. La cantidad de reducción se establece a través de su ratio. Si se elige una ratio mayor a 1:10 el efecto que se consigue es una puerta de ruido (ver apartado "puertas de ruido" a continuación). Los parámetros que se utilizan para controlar este procesado son los mismos que los utilizados en los compresores o limitadores, es decir, umbral, ratio, ataque y liberación.

En la práctica, los expansores y las puertas de ruido se usan casi de manera idéntica. La principal diferencia es que un expansor es más suave y gradual, por lo que es más fácil configurar los tiempos de ataque y liberación correctamente.

9.2.4. Puerta de ruido

Son una aplicación extrema de un expansor. Permiten eliminar señales cuya intensidad no supere un cierto valor umbral, mientras que el resto no sufre ninguna alteración. Así, los ruidos de fondo, por ejemplo, no podrán sobrepasar el procesador de efectos con lo que la señal resultante será mucho más limpia. Este nivel umbral es conveniente que se sitúe sólo un poco por encima de la señal que se desea eliminar, para así no perder los pasajes de menor nivel. Para controlar el procesado de las puertas de ruido, los plugin ofrecen los parámetros que podemos encontrar en los expansores con excepción de la ratio, ya que la reducción en este caso no se hará de manera gradual. Así, podemos encontrar:

- El umbral (threshold) es el valor mínimo de intensidad sonora que ha de tener la señal para poder superar la puerta.
- El ataque (attack) determina el tiempo necesario para que la puerta se abra por completo.
- La recuperación (release) determina el tiempo necesario para que la puerta se cierre por completo.

La correcta selección de todos estos parámetros y otros más que incorpora cada modelo particular dará como resultado que nuestra puerta de ruido funcione de manera muy diferente.

Cakewalk nos ofrece un plug-in llamado Sonitus:Gate (ver ilustración 9.14). Para acceder a este procesador tenemos que seleccionar la opción "insertar efectos de audio/dinámica" dentro del rack de efectos del canal.

Ilustración 9.14. *Interfaz gráfica del plug-in Sonitus:gate. Elaboración propia.*

9.3. Correctores de tono (efectos de pitch)

Estos procesadores permiten modificar el tono de un sonido, alterando su frecuencia fundamental y, por lo tanto, cambiando su afinación. Existen dos tipos principales: los correctores de tono y los octavadores.

El corrector de tono, o pitch shifter, cumple dos funciones principales. Primero, detecta y corrige automáticamente las desafinaciones, ajustando el sonido a la frecuencia de la nota más cercana. Por ejemplo, si un cantante canta una nota a 453 Hz, el corrector ajustará esa frecuencia a 440 Hz, que corresponde a la nota "la". En segundo lugar, el corrector de tono puede alterar la frecuencia de cualquier sonido, ajustándola desde un semitono hasta varias octavas, lo que permite efectos creativos como voces graves de monstruos o voces agudas de seres diminutos.

El octavador, por otro lado, añade voces adicionales a la señal original, ubicándolas una o varias octavas por encima o por debajo del tono original. También permite ajustar la frecuencia de estas voces adicionales. El armonizador es una variante del corrector de tono que combina la señal original con otras señales afinadas a diferentes tonos para crear armonías múltiples. Melodyne, incluido en Cakewalk, ofrece estos tres efectos, pero solo durante un período de prueba de 30 días. Se conecta al DAW mediante ReWire y se puede acceder a través del rack de efectos del canal de audio. Tras el período de prueba, es posible adquirir una licencia o buscar plugin gratuitos para corrección de tono y octavadores en línea (ver ilustración 9.15).

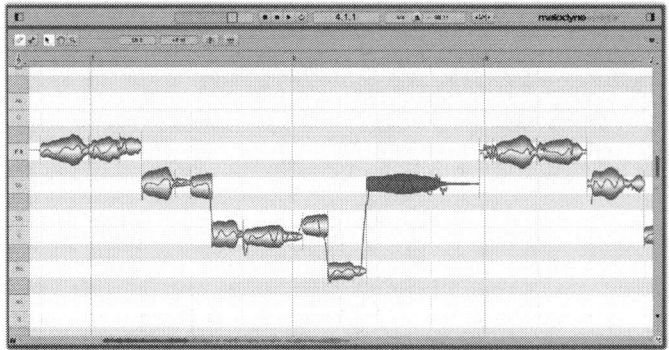

Ilustración 9.15. Interfaz del Melodyne. Elaboración propia.

9.4. Efectos de modulación

Los procesadores de modulación alteran una señal al cambiar uno de sus parámetros, como la amplitud, la frecuencia o la fase, en función de las variaciones de una señal moduladora. En esencia, estos efectos clonan la señal original, modulan la copia y luego mezclan esta versión modulada con la señal original. Existen diferentes tipos de modulación, que se denominan según el parámetro que se modifica, como ASK (modulación por desplazamiento de amplitud), FSK (modulación por desplazamiento de frecuencia) y PSK (modulación por desplazamiento de fase) (ver ilustración 9.16).

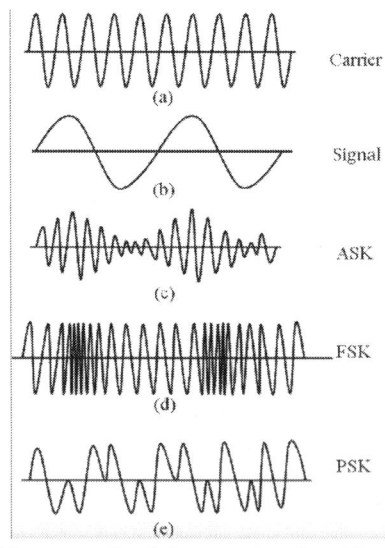

Ilustración 9.16. Modulación en amplitud, frecuencia y fase. Tomada de: https://es.wikipedia.org/wiki/Modulación_(telecomunicación)

Entre los efectos de modulación más comunes se encuentran el phaser, el flanger, el chorus y el tremolo. El phaser crea un efecto modulando una señal duplicada en fase y mezclándola con la original, ajustando el desfase para obtener diferentes resultados en la amplitud. El flanger es similar, pero modula el tiempo de retraso de la señal duplicada periódicamente, generando efectos de cancelación en todo el espectro. El chorus, en cambio, utiliza un retraso mayor en la señal duplicada para producir un efecto de coro, mientras que el tremolo modula la amplitud de la señal duplicada sin aplicar retraso, variando el volumen con el tiempo.

Los procesadores de efectos de modulación suelen tener parámetros comunes para ajustar el efecto. Entre estos parámetros se incluyen la frecuencia (rate), que determina la velocidad del desfase de la señal duplicada; la profundidad (depth), que controla la cantidad de mezcla entre la señal original y la duplicada; y el retardo (delay), que establece el tiempo de retraso aplicado a la señal duplicada en milisegundos. Estos controles permiten personalizar el efecto según las necesidades específicas de cada mezcla.

Podemos resumir los efectos vistos en la tabla 9.1:

Tabla 9.1. *Descripciones de los efectos de modulación. Elaboración propia*

Efecto	Delay	Descripción
Phaser	Ninguno o menos de 5 ms	Cancela diferentes frecuencias para crear el efecto. Estas cancelaciones de frecuencia están espaciadas uniformemente en todo el espectro de la señal.
Flanger	Entre 1 y 5 ms	Mayor profundidad que el phaser con más cancelaciones de frecuencia repartidas por todo el espectro.
Chorus	Entre 5 y 25 ms	Crea un efecto de coro con respecto al sonido original y una imagen estéreo. Las cancelaciones de frecuencia están espaciadas armónicamente a través del espectro.
Tremolo	Ninguno	La señal duplicada se modula en amplitud, no en fase.

Cakewalk nos ofrece un plug-in llamado Sonitus:modulator (ver ilustración 9.17). En el botón mode puedes seleccionar el tipo de efecto que quieres utilizar (phaser, flanger o tremolo, no hay chorus). El plug-in nos ofrece distintos presets de cada efecto.

Ilustración 9.17. *Interfaz gráfica del plug-in Sonitus:modulator. Elaboración propia.*

9.5. Otros efectos

Existen numerosos plugin con diferentes nombres que se especializan en efectos de **distorsión**. Estos efectos añaden saturación al sonido, haciéndolo más agresivo y potente, y reducen su suavidad. La intensidad de la distorsión se puede ajustar desde un nivel sutil hasta uno muy marcado, y también se puede seleccionar el rango de frecuencias a las que se aplicará la distorsión, e incluso agregar un *delay* en algunos casos.

Los **excitadores**, por otro lado, se utilizan para añadir armónicos a la señal de audio. Al identificar la frecuencia fundamental del sonido, el excitador realza sus armónicos, lo que resulta en una señal más "brillante" y con mayor claridad. Sin embargo, el uso excesivo de excitadores puede llevar a una mezcla sobrecargada en medios agudos, lo que puede causar fatiga auditiva, por lo que es importante usar este efecto con moderación.

Finalmente, el **deesser** es un tipo de compresor que se enfoca en una banda de frecuencias específica, generalmente entre 4 y 6 kHz. Aunque podría considerarse dentro de los procesadores dinámicos, se clasifica aparte debido a su uso específico: atenúa las sibilancias en los diálogos para mejorar la naturalidad de la voz. Es importante ajustar bien este efecto, ya que una mala ecualización puede resaltar las sibilancias en lugar de atenuarlas.

Cakewalk no ofrece plug-ins para distorsión, excitadores o deesser, por lo que estos deben buscarse en otras fuentes.

9.6. La ecualización

El ecualizador es una herramienta que nos permite ajustar la ganancia, ya sea reduciendo o aumentando, en diferentes frecuencias o grupos de frecuencias de un sonido mediante el uso de filtros. Este ajuste se puede aplicar de dos maneras principales. Primero, para corregir la curva de respuesta en frecuencia de un sistema de audio, que representa gráficamente cómo varía la intensidad sonora en relación con la frecuencia. Una curva ideal es completamente plana, indicando que no hay atenuación ni amplificación en ninguna frecuencia. No obstante, todos los sistemas de audio presentan defectos que pueden causar variaciones en la intensidad a lo largo del espectro. El objetivo del ecualizador es corregir estas imperfecciones para lograr una respuesta plana.

Segundo, la ecualización también se utiliza para modificar intencionalmente la ganancia en diferentes rangos de frecuencias con fines creativos o artísticos. Por ejemplo, se puede atenuar ciertas frecuencias, como las sibilancias, o realzar otras, como los primeros armónicos, para lograr un sonido o mezcla que se ajuste a las preferencias personales. Esta modificación se realiza a través de filtros, que permiten ajustar solo un rango específico de frecuencias de la señal original. Cada filtro tiene una frecuencia de corte inferior y superior que define el rango de frecuencias que deja pasar (ver ilustraciones 9.18 y 9.19).

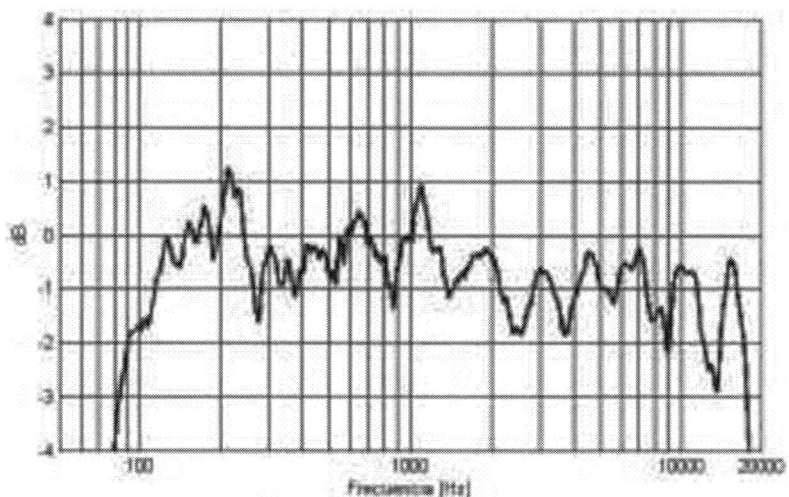

Ilustración 9.18. *Curva de respuesta en frecuencia. Tomada de: https://sonidosinalambricos. com/respuesta-en-frecuencia/*

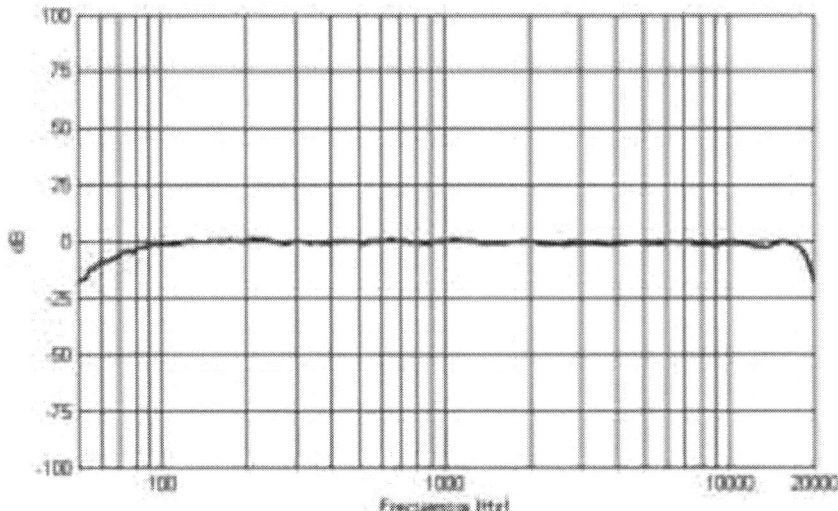

Ilustración 9.19. Curva de respuesta en frecuencia corregida mediante ecualización. Tomada de: https://sonidosinalambricos.com/respuesta-en-frecuencia/

Los ecualizadores cuentan con varios parámetros que permiten ajustar su procesamiento. La frecuencia central (fc) es el punto alrededor del cual cada filtro ejerce su máximo efecto. El parámetro Q determina el ancho de banda del filtro, es decir, el rango de frecuencias en el que actúa; un valor menor de Q implica un ancho de banda mayor, mientras que un valor mayor significa un rango más estrecho, con un rango típico entre 0.1 (para todo el espectro) y 24 (para un ancho de banda muy reducido). La ganancia (gain) se refiere al grado de amplificación o atenuación que el filtro aplica a la señal, y generalmente varía entre ±18 decibelios.

Para ajustar el rango de frecuencias que se desea ecualizar, existen varios tipos de filtros. Los filtros pasa-bajos (low pass filter) permiten que solo pasen las frecuencias graves, atenuando todas las frecuencias superiores a una frecuencia de corte específica. Los filtros pasa-altos (high pass filter) permiten el paso de las frecuencias agudas, atenuando las frecuencias inferiores a una frecuencia de corte definida. Los filtros shelving aplican ganancia a las frecuencias por debajo (shelving low) o por encima (shelving high) de una frecuencia de corte determinada. Los filtros de banda (o peak filter) aplican ganancia dentro de una banda específica de frecuencias, mientras que los filtros notch o elimina-banda eliminan un rango de frecuencias determinado entre las frecuencias de corte superior e inferior establecidas.

Existen dos tipos principales de ecualizadores según su capacidad para manipular estos parámetros: el gráfico y el paramétrico. El ecualizador gráfico está compuesto por varios filtros distribuidos a lo largo del espectro, con frecuencias centrales que suelen coincidir con octavas o tercios de octava, resultando en un número fijo de filtros, como 10 o 30. En estos ecualizadores, las frecuencias centrales y el ancho de banda de los filtros son fijos, por lo que un mayor número de filtros implica un ancho de banda más reducido y mayor selectividad. Los filtros de un ecualizador gráfico se solapan, lo que minimiza la interacción entre filtros adyacentes en las zonas donde se superponen sus anchos de banda (ver ilustración 9.20).

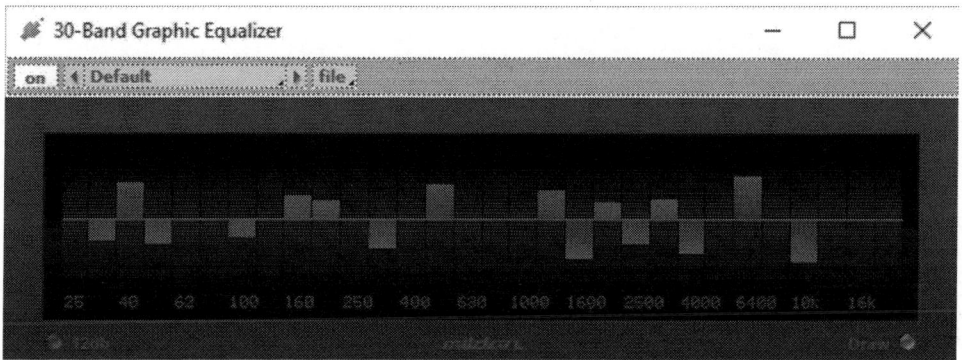

Ilustración 9.20. *Ecualizador gráfico. Elaboración propia.*

Los ecualizadores a menudo incluyen un analizador de espectro que presenta gráficamente la distribución de la intensidad en función de la frecuencia antes de que la señal entre al ecualizador. También es común encontrar un selector de bypass, que permite comparar la señal procesada con la original sin ecualizar. Algunos modelos cuentan con generadores de ruido rosa (pink noise), que proporciona una señal con energía uniforme en todo el espectro, facilitando una ecualización más precisa.

Las principales ventajas de los ecualizadores gráficos son su facilidad de uso y la capacidad de ver de manera instantánea las correcciones realizadas, que representan la combinación de las acciones de cada filtro individual. Sin embargo, una desventaja significativa es que las frecuencias centrales de los filtros a menudo no se alinean perfectamente con los valles y picos de la curva que se desea ajustar. Aunque Cakewalk no ofrece un ecualizador gráfico, es posible descargar uno gratuito en internet.

El ecualizador paramétrico, por otro lado, es más complejo y permite un ajuste más detallado. Los usuarios pueden seleccionar la frecuencia central de cada filtro, ajustar el ancho de banda y controlar la ganancia. Esto permite una intervención precisa en rangos específicos del espectro. La cantidad de filtros paramétricos determina el número de ajustes posibles, permitiendo una configuración más exacta de las zonas a modificar. Cakewalk ofrece un ecualizador paramétrico llamado Sonitus: Equalizer, accesible a través del rack de efectos del canal de audio en la opción Insertar efecto de audio/EQ/Sonitus: Equalizer (ver ilustración 9.21).

Ilustración 9.21. *Interfaz gráfica del plug-in Sonitus:equalizer. Elaboración propia.*

9.7. La mezcla (audio mixing)

Después de procesar individualmente cada canal de audio hasta dejarlo a nuestro gusto, tenemos que combinar todos los sonidos para crear un "espacio sonoro". En este espacio ubicaremos cada una de las pistas de nuestro proyecto. La mezcla de audio trata de dar coherencia y empaque a este conjunto de pistas. Todos los DAW ofrecen una consola o mezclador para ayudarnos en este proceso. La consola es una interfaz gráfica que representa una mesa de mezclas. Así, podemos ver de un vistazo todos los canales de nuestro proyecto, tanto las entradas como las salidas, procesados, buses y subgrupos en caso de haberlos. Esto no significa que necesariamente tengamos que mezclar en la "mesa de mezclas", pero es recomendable, ya que es una herramienta que facilita la visualización del conjunto del proyecto. Cada canal de la mesa de mezclas es el mismo que el de la ventana de proyecto, con sus mismos controles. Por lo tanto, cada uno de los canales, independientemente de la vista en la que estemos, tendrá tres funciones fundamentales para realizar la mezcla: el volumen, el control panorámico y el procesado de la señal (ecualización, reverberación...).

En Cakewalk podemos desplegar la consola en el menú ventanas/consola o con el atajo Alt + 2 (ver ilustración 9.22).

Una manera de "visualizar" la mezcla (el espacio sonoro) es imaginar una habitación vacía. La habitación tiene 3 dimensiones: ancho (eje x), alto (eje y) y largo (eje z).

Ilustración 9.22. *Consola de mezclas de Cakewalk. Elaboración propia.*

Se trata de ubicar todos los sonidos del proyecto en la habitación sin que se solapen entre ellos. Para situarlos, como decía, disponemos de tres herramientas:

- El panoramizador (pan) se encarga de ubicar un sonido a lo ancho del espacio (eje x), es decir, distribuye la energía del canal de derecha a izquierda a lo largo de la imagen estéreo.
- El volumen nos indica lo cercano o lo lejano que percibimos el sonido, es decir, nos movemos sobre el eje z, a lo largo de la habitación.
- El tono del sonido nos indica a qué altura de la habitación está el sonido. Lo situaremos en cualquier punto entre el suelo y el techo (eje y).

Por ejemplo, si en un frame de una imagen que estamos diseñando tenemos un personaje situado en la izquierda, debemos desplazar los sonidos referentes a este personaje (efectos de Foley) a la izquierda utilizando el panoramizador. También podríamos situar estos efectos más adelante o atrás utilizando el volumen, dependiendo de la importancia que le demos a estos sonidos. Respecto a la altura, cada sonido ocupará su lugar de forma natural en nuestra habitación, ya que es el tono (frecuencia fundamental) el que produce la sensación de "altura". Por lo tanto, una mezcla debería tener bien compensado el reparto de la "altura" (rango de frecuencias) entre sus sonidos, procurando que no ocupen el mismo lugar para no solaparse. Posteriormente podremos hacer leves modificaciones en dicho rango de frecuencias en la mezcla mediante ecualización, pero un equilibrio de base es fundamental.

NOTA: Como en videojuegos el transcurso de la imagen se sucede de una manera no lineal, la mezcla habrá que programarla. Así, dependerá de los movimientos y eventos que dispare el jugador.

9.8. La masterización (mastering)

La masterización es el procesado de la señal del canal Master. Este canal es donde desembocan todas las pistas del proyecto, es decir, es la salida principal. En el canal Master hay una única pista estéreo con la mezcla final del diseño. Así, la masterización sería un retoque final, no algo que cambie la esencia del diseño. Se trata de darle cohesión, cuerpo y algo más de intensidad a la mezcla final. Algunos de los procesados que suelen intervenir en la masterización son:

- La ecualización para corregir desequilibrios en el espectro, es decir, al igual que en la mezcla, necesitamos que haya una compensación de graves y agudos a lo largo del espectro.
- La compresión para aumentar un poco más la intensidad de la señal resultante de la mezcla. Inevitablemente reduciremos algo más el rango dinámico. Además, la compresión ayuda a unir partes que no estén tan cohesionadas como deberían en la mezcla.

– El limitador para evitar posibles picos en la señal que se nos hayan escapado en la mezcla. Podemos decir que es la protección del sistema. Es decir, vamos a evitar que el audio sature (distorsione) y, al mismo tiempo, que dañe el cono de algún altavoz al reproducirse.

Un mal diseño de sonido se puede maquillar con una buena mezcla (sería un mal diseño escuchándose bien), pero una mala mezcla no se puede arreglar con una buena masterización.

Es habitual que en la entrega final del diseño de sonido estén separadas la parte vocal (diálogos) del resto.

NOTA: En el caso de los videojuegos, se masteriza el diseño por un lado y la música por otro, pero no hay un Master general como tal al no haber linealidad.

10

SINTETIZADORES

Los sintetizadores son herramientas fundamentales en el diseño de sonido moderno. A diferencia de los instrumentos acústicos, que dependen de propiedades físicas para generar sonido, los sintetizadores permiten crear, modificar y moldear sonidos de manera controlada y casi ilimitada. Esto los convierte en una pieza clave tanto en la producción musical como en la creación de paisajes sonoros para cine, videojuegos, publicidad y arte sonoro experimental.

Desde su aparición, los sintetizadores han ofrecido a los diseñadores de sonido una paleta amplia para esculpir timbres que no podrían obtenerse por medios tradicionales. Ya sea imitando sonidos del mundo real o creando texturas completamente abstractas, el sintetizador proporciona un entorno donde el sonido es maleable desde su raíz. Cada elemento del sintetizador –desde los osciladores hasta los filtros, las envolventes o los moduladores– permite definir y refinar los aspectos fundamentales del sonido: tono, timbre, dinámica, movimiento y espacialidad.

Aunque hoy en día los sintetizadores se asocian a instrumentos compactos y digitales, su historia se remonta a finales del siglo XIX. En 1897, Thaddeus Cahill inventó el Telharmonium, considerado el primer teclado electrónico. Era un coloso de 200 toneladas que generaba sonido mediante alternadores eléctricos y lo transmitía a través de líneas telefónicas, con la ambición de llenar restaurantes, hoteles y hogares con música generada eléctricamente. Aunque su sueño terminó en bancarrota y olvido, Cahill demostró por primera vez que la electricidad podía producir música.

Décadas más tarde, en 1939, Laurens Hammond presentó el órgano Hammond, un instrumento que heredaba conceptos del Telharmonium y los convertía en una solución práctica y comercial. El Hammond tuvo un impacto masivo y sentó las bases del sintetizador moderno: un instrumento electrónico capaz de producir sonidos variados mediante electricidad, aunque aún sin ofrecer un control detallado sobre su estructura sonora.

Ese nivel de control llegó en 1965 con el Sistema Modular Moog, creado por Bob Moog. Al miniaturizar y reorganizar componentes electrónicos, Moog permitió a los músicos y diseñadores sonoros manipular parámetros como el tono, el timbre y la envolvente del sonido. Seis años más tarde, el Mini-Moog consolidó esta revolución al ofrecer una versión portátil, intuitiva y profundamente expresiva. Desde entonces, la idea de moldear el sonido a voluntad, de manera casi quirúrgica, se convirtió en el núcleo del diseño sonoro con sintetizadores.

10.1. El sonido en el sintetizador: tono, timbre, armónicos e intensidad

En un instrumento tradicional, el sonido depende de cómo vibra un objeto físico: una cuerda, una lengüeta, una columna de aire. En un sintetizador, en cambio, el sonido se **genera electrónicamente desde cero**, lo que permite controlar cada uno de sus componentes. Esta capacidad no solo sirve para crear música, sino también para diseñar sonidos completamente nuevos para películas, videojuegos, animaciones y medios interactivos.

10.1.1. Tono: la altura del sonido

El tono es lo que determina si un sonido es agudo o grave. Cuanto más rápida es la vibración que lo produce, más agudo es; y cuanto más lenta, más grave. En los sintetizadores, estas vibraciones se crean de forma electrónica, y se puede definir con precisión la frecuencia exacta de un sonido, incluso si no corresponde a una nota musical.

Así, en cine o videojuegos, un tono muy grave puede ayudar a dar peso a una escena de tensión, como el sonido de un reactor nuclear encendiéndose. Y un tono agudo puede representar una interfaz tecnológica, una alarma o el zumbido de una máquina.

Los sintetizadores también permiten combinar tonos, lo que da lugar a acordes, intervalos o ruidos complejos que se pueden usar tanto en música como en paisajes sonoros envolventes.

10.1.2. Timbre: el carácter del sonido

El timbre es lo que hace que dos sonidos con el mismo tono puedan sonar completamente distintos. Por ejemplo, una nota tocada en una flauta suena diferente a la misma nota en un oboe. Esa diferencia es el timbre.

En diseño de sonido, el timbre es clave para que un sonido tenga identidad. Por ejemplo, un zumbido de dron puede sonar suave y constante, o áspero y vibrante, según el timbre elegido.

En un sintetizador, se puede moldear el timbre ajustando diversos parámetros, lo que permite construir sonidos que evoquen sensaciones concretas: frío, calor, tensión, velocidad, tamaño, etc.

10.1.3. Armónicos: los colores dentro del sonido

Cuando se produce un sonido, además del tono principal, suelen aparecer otras frecuencias que suenan al mismo tiempo. Estas se llaman **armónicos**, y aunque no siempre se perciben de forma consciente, afectan mucho a la calidad del sonido.

Manipular los armónicos en un sintetizador permite construir sonidos que imitan materiales reales (metal, madera, carne) o completamente ficticios. Es como mezclar colores para pintar una textura sonora.

10.1.4. Intensidad: el volumen y su forma en el tiempo

La intensidad es cuán fuerte o débil suena un sonido. En un sintetizador, esto no es estático: puedes definir cómo cambia el volumen desde el inicio hasta el final del sonido.

Este comportamiento es fundamental en diseño sonoro. Por ejemplo, una explosión tiene un ataque fuerte y una caída rápida.

Diseñar la intensidad en el tiempo permite controlar las emociones que transmite un sonido: urgencia, calma, peligro, misterio... Y no solo se usa para controlar el volumen, sino también otros aspectos como la claridad, la agresividad o la presencia de un sonido.

10.2. Formas de onda y su carácter sonoro

En los sintetizadores, el punto de partida para crear un sonido es elegir una forma de onda. Cada forma tiene un carácter sonoro distinto, y eso afecta mucho cómo se percibe el resultado final. Algunas suenan suaves, otras ásperas o brillantes. Entender sus diferencias ayuda a escoger la más adecuada para cada situación, tanto si estás creando una melodía como si estás diseñando un sonido para una escena de acción o ciencia ficción.

10.2.1. Onda sinusoidal: sonido puro y simple

Esta es la forma de onda más simple. Solo produce un tono limpio, sin ningún tipo de textura adicional. Suena suave, sin brillo ni agresividad. En música, se usa para bajos profundos o flautas muy limpias. En diseño sonoro, puede representar un **tono puro** como un escáner médico, un **zumbido de energía estática**, o el **sonido grave y sutil de una gran nave espacial desde lejos**.

10.2.2. Onda cuadrada: sonido hueco y robótico

La onda cuadrada suena más fuerte y nasal. Tiene un tono muy característico, a veces descrito como "hueco". Es reconocible en sonidos retro de videojuegos. En diseño sonoro, puede dar vida a **robots parlantes**, **alarmas electrónicas**, o **voces digitales artificiales**.

10.2.3. Onda de diente de sierra: sonido brillante y lleno

Esta forma de onda tiene un sonido muy rico, fuerte y con mucho contenido en las frecuencias altas. Suena áspera y brillante. En música, es muy usada para crear **sonidos agresivos**, como bajos pesados o cuerdas potentes. En diseño sonoro, sirve para construir **motores rugientes, explosiones digitales, o sistemas sobrecargados de energía**.

10.2.4. Onda de pulso: sonido animado y cambiante

La onda de pulso es parecida a la cuadrada, pero su forma puede variar para obtener distintos tonos. Esto hace que su sonido pueda moverse y cambiar de forma interesante, como si respirara o temblara. En música, se usa en **melodías expresivas** o **sonidos clásicos analógicos**. En diseño de sonido, es útil para crear **interfaz de naves espaciales, sonidos de radar, o aparatos que parecen estar "vivos"** y en constante actividad.

10.2.5. Onda triangular: sonido suave y melódico

Esta forma suena más suave que la cuadrada, pero no tan pura como la sinusoidal. Es una buena opción para sonidos melódicos sin mucha agresividad. En música, se usa en **líneas de bajo suaves** o **melodías envolventes**. En diseño sonoro, puede servir para representar **viento digital, ambientes tranquilos de ciencia ficción**, o **ecos lejanos** que no buscan llamar demasiado la atención.

10.3. Tipos de síntesis

Como decía, en un sintetizador el sonido no se graba, sino que se construye desde cero manipulando ondas básicas como la senoide, la cuadrada, la de sierra, entre otras. Estas ondas son los bloques elementales del sonido, y los diferentes **tipos de síntesis** son métodos para combinarlas, moldearlas o transformarlas hasta lograr timbres completamente nuevos.

Podemos imaginar que estas formas de onda son ingredientes puros, como el azúcar, la sal, el agua o la harina. Por sí solos tienen características muy claras, pero cuando los mezclamos de distintas formas, obtenemos sabores y texturas únicas. Eso mismo ocurre con el sonido: **sumar, restar, mezclar o deformar ondas** genera nuevos timbres con identidad propia.

Cada tipo de síntesis trabaja con estas formas de onda de una manera distinta:

- Algunas **suman ondas simples** para formar sonidos complejos (como superponer ondas sinusoidales).
- Otras **parten de ondas ricas en armónicos** (como la de sierra) y **eliminan frecuencias** para tallar el sonido deseado.
- Algunas **modifican la velocidad o forma de una onda usando otra**, creando sonidos con movimiento o texturas metálicas.
- Incluso hay técnicas que permiten **moverse entre diferentes ondas** o **reconstruir un sonido desde pequeñas partículas**.

Cada una de estas formas de trabajar tiene un carácter único y sirve para diferentes fines, tanto en música como en diseño de efectos sonoros. A continuación, veremos los principales tipos de síntesis, con ejemplos prácticos de lo que se puede lograr con cada una.

10.3.1. Síntesis aditiva

La síntesis aditiva consiste en **sumar múltiples ondas simples** (como ondas sinusoidales) para construir sonidos complejos. Cada onda representa un armónico con su propia frecuencia e intensidad. Al combinarlas cuidadosamente, se puede dar forma a un timbre específico.

Un buen ejemplo de diseño sonoro podría ser recrear el zumbido armónico de un poste de luz o el tono metálico y vibrante de un escáner futurista, agregando capas de tonos sutiles que vibran juntos.

10.3.2. Síntesis sustractiva

En este caso se parte de una onda rica en armónicos (como una diente de sierra o cuadrada) y se **eliminan frecuencias** usando filtros. Es como empezar con un bloque de mármol sonoro y esculpirlo para dejar solo lo que interesa.

Un ejemplo de diseño sonoro podría ser generar el sonido de un láser apagado y oscuro quitando los armónicos brillantes de una onda agresiva.

10.3.3. Síntesis por modulación de frecuencia (FM)

Aquí una onda (llamada moduladora) **altera la frecuencia de otra onda** (la portadora). Este tipo de síntesis genera sonidos complejos, con armónicos variables y texturas inusuales, aunque parta solo de ondas sinusoidales. Por ejemplo, se puede producir el chillido cambiante de un motor espacial, o el timbre metálico de una alarma alienígena.

10.3.4. Síntesis de modulación por pulsos (PWM)

La modulación por ancho de pulso se basa en **cambiar el ancho de una onda de pulso** con el tiempo. Este pequeño cambio genera variaciones tímbricas constantes, que se perciben como un movimiento dentro del sonido. Por ejemplo, una luz intermitente o el zumbido dinámico de un dron que flota y oscila.

10.3.5. Síntesis granular

La síntesis granular no parte de formas de onda clásicas, sino de **fragmentos diminutos de sonido (granos)**. Estos granos se reproducen, repiten y reorganizan en el tiempo, como si se tratara de polvo sonoro que se puede modelar.

Un ejemplo de diseño sonoro podría ser una ráfaga de chispas, el desintegrarse de un objeto en partículas, o la deformación de una voz fantasmagórica.

10.3.6. Síntesis por tabla de ondas (Wavetable)

Esta técnica utiliza **una serie de formas de onda distintas** dispuestas como en una biblioteca, y permite moverse entre ellas en tiempo real. El resultado es un sonido que puede transformarse de forma suave o abrupta. Por ejemplo, una interfaz de computadora alienígena que cambia de timbre conforme se activa, o un arma láser que va variando su zumbido conforme se carga.

10.4. Componentes básicos de un sintetizador y su aplicación al diseño sonoro

Un sintetizador típico (ya sea analógico o digital) está compuesto por varios módulos esenciales que trabajan juntos para generar, moldear y transformar sonidos. Estos módulos son: el **oscilador, el filtro, el amplificador, los generadores de envolvente y el oscilador de baja frecuencia (LFO)**. Todos pueden ser controlados por voltaje (en sistemas analógicos) o digitalmente (en sistemas modernos), pero su función fundamental sigue siendo la misma: modelar la señal de audio antes de que llegue al oyente.

Desde la perspectiva del diseño sonoro, cada componente permite esculpir sonidos que evocan ambientes, texturas, movimientos y emociones. En vez de imitar instrumentos, los diseñadores sonoros usan estos módulos para crear, por ejemplo, el rugido de un monstruo, la vibración de un motor futurista o el zumbido de una nave espacial.

10.4.1. El oscilador

El oscilador es la fuente primaria del sonido en un sintetizador. Es un circuito que genera señales eléctricas periódicas, conocidas como formas de onda. Estas pueden ser senoidales, cuadradas, triangulares, diente de sierra o combinaciones más complejas. Un sintetizador puede contar con varios osciladores que se pueden mezclar entre sí para generar un sonido más rico y complejo. Al combinar dos osciladores con diferentes formas de onda o afinaciones, es posible crear batidos, duplicar tonos, generar armonías internas o diseñar sonidos más gruesos y texturados.

En diseño sonoro, múltiples osciladores se emplean para simular fuentes sonoras naturales o mecánicas. Por ejemplo, para crear el zumbido de una nave espacial, puedes mezclar un oscilador con onda diente de sierra para obtener un tono áspero con otro con onda senoidal para generar una base más estable. Los desajustes sutiles de afinación entre osciladores permiten también emular motores, ventiladores o drones.

Recuerda que, hasta que la señal no es convertida en vibración mecánica por un altavoz, todo lo que ocurre en el sintetizador son variaciones de voltaje, no sonido real.

10.4.2. El filtro

El filtro atenúa o enfatiza ciertas frecuencias del sonido generado por el oscilador. El tipo más común es el filtro paso bajo, que elimina las frecuencias agudas por encima de un punto de corte. Otros tipos incluyen paso alto, paso banda y notch (vistos antes en el tema de ecualización).

En diseño sonoro, el filtro permite transformar sonidos brutos en efectos controlados. Por ejemplo, al cerrar progresivamente un filtro paso bajo sobre una explosión puedes hacer que suene como si estuviera amortiguada por una pared gruesa o por una puerta cerrándose. De igual forma, un zumbido eléctrico puede volverse más agresivo si se le abren más armónicos mediante la apertura del filtro. Además, al usar la resonancia del filtro (parámetro que enfatiza las frecuencias alrededor del punto de corte) se pueden crear sonidos punzantes o metálicos, ideales para representar armas de energía o picos de interferencia en un equipo dañado.

10.4.3. El amplificador y las envolventes

El amplificador controlado por voltaje (VCA) regula la amplitud del sonido, es decir, su volumen. Sin embargo, para que este volumen tenga una forma en el tiempo, se usan generadores de envolvente, normalmente del tipo ADSR (Attack, Decay, Sustain, Release). Estos definen cómo aparece, se mantiene y desaparece un sonido:

- **Ataque (Attack):** tiempo que tarda el sonido en alcanzar su volumen máximo desde el silencio.
- **Decaimiento (Decay):** tiempo que tarda en bajar del volumen máximo al nivel de sostenimiento.
- **Sostenimiento (Sustain):** nivel de volumen que mantiene mientras se sostiene la señal.
- **Liberación (Release):** tiempo que tarda en desaparecer completamente una vez que termina la señal.

En diseño sonoro, la **envolvente de volumen** define si un sonido aparece de golpe (como un disparo láser), se construye lentamente (como un reactor cargándose), o se desvanece poco a poco (como una explosión resonando en la distancia). La **envolvente aplicada al filtro**, por otro lado, define cómo evoluciona el timbre del sonido con el tiempo. Por ejemplo, puedes hacer que un zumbido mecánico comience apagado y se vuelva brillante, simulando que un motor cobra vida.

Un sintetizador puede tener *varios generadores de envolvente*, y cada uno puede asignarse a diferentes parámetros, no solo al volumen o al filtro. Por ejemplo, una envolvente adicional podría modular la afinación de un oscilador para crear un efecto de caída de tono en un disparo láser, o alterar la velocidad de un LFO (este concepto se verá a continuación) a lo largo del tiempo.

La manipulación conjunta del VCA y las envolventes permite imitar comportamientos físicos realistas. Un golpe seco sobre una superficie tendrá un ataque instantáneo y una liberación rápida. Un sonido de ambiente como viento o una máquina constante puede tener un ataque y liberación muy lentos, generando una sensación de continuidad y suavidad.

10.4.4. El oscilador de baja frecuencia (LFO)

El LFO genera señales lentas (por debajo de los 20 Hz) que no se escuchan como sonido, sino que se usan para modular otros parámetros: volumen, afinación, frecuencia de corte, entre otros.

En diseño sonoro, los LFOs permiten introducir modulación cíclica para crear efectos como:

- **Vibrato:** modulación del tono para sonidos inestables como alarmas o criaturas orgánicas.
- **Trémolo:** modulación del volumen para dar sensación de parpadeo o energía fluctuante.
- **Autofiltro:** modulación del filtro para imitar pulsaciones de maquinaria, respiración artificial o interferencia ambiental.

La forma de onda del LFO (senoidal, triangular, cuadrada) define el carácter del movimiento. Un LFO senoidal genera cambios suaves, mientras que uno cuadrado produce interrupciones abruptas, útil para representar señales entrecortadas o cortocircuitos.

Los LFOs también pueden sincronizarse al tempo en producciones audiovisuales, permitiendo que los cambios de sonido se alineen con eventos visuales o ritmos narrativos.

10.5. Diferencias entre sintetizadores

Los sintetizadores se pueden clasificar de muchas maneras, pero las diferencias más relevantes suelen estar en su método de síntesis, arquitectura, interfaz, y si son analógicos, digitales o híbridos. Los sintetizadores **analógicos** utilizan circuitos eléctricos para generar formas de onda de manera continua y son famosos por su calidez y riqueza sonora. Algunos clásicos como el Minimoog Model D o el Roland Juno-106 son referentes en esta categoría. Por otro lado, los **sintetizadores digitales** procesan el sonido por medio de algoritmos, lo que les permite una gran versatilidad y polifonía. Un ejemplo muy representativo sería el Yamaha Montage M o el Waldorf Iridium, ambos capaces de producir una amplia gama de sonidos complejos. También existen los **sintetizadores híbridos**, que combinan circuitos analógicos con procesamiento digital, como el Sequential Prophet-6 o el Novation Peak, ofreciendo lo mejor de ambos mundos: carácter analógico y control digital preciso.

Desde el punto de vista del diseño de sonido, los **softsynths** (sintetizadores por software) ofrecen una flexibilidad, profundidad y accesibilidad difíciles de igualar por los sintetizadores hardware, especialmente para quienes trabajan en entornos de producción digital o quieren experimentar sin limitaciones físicas.

En términos de diseño sonoro, lo que se busca en un buen sintetizador software es una combinación de variedad de motores de síntesis, posibilidad de modulación compleja, acceso visual a las rutas de señal y una interfaz que facilite la exploración creativa. Uno de los más completos y respetados es **Xfer Serum**, que se ha convertido en un estándar para diseñadores de sonido por su potente motor wavetable, su sistema de modulación intuitivo con drag and drop, y una calidad de sonido cristalina. Es ideal para diseñar desde bajos agresivos hasta pads espaciales y efectos futuristas.

Otro referente es **Vital**, un sintetizador wavetable gratuito (con versión de pago) que ofrece funcionalidades comparables a Serum, incluyendo modulación visual, generador de wavetables, filtros multipropósito y efectos integrados. Su enfoque visual ayuda mucho a entender cómo cada parámetro afecta el sonido, lo que lo convierte en una excelente herramienta creativa.

Para quienes buscan diseño sonoro más experimental o envolventes paisajes sonoros, **Pigments** de Arturia destaca por su motor múltiple (sustractiva, FM, wavetable, aditiva y granular), su impresionante sistema de modulación y su clara interfaz por capas. Puedes crear desde sonidos delicados y orgánicos hasta complejos ambientes cinemáticos con controles precisos y automatización avanzada.

Por otro lado, **Reaktor** de Native Instruments no es un sintetizador en sí, sino una plataforma modular que te permite construir tus propios sintetizadores y efectos desde cero. Es ideal para diseñadores que quieren ir más allá de las interfaces prefabricadas y entender el diseño sonoro desde la arquitectura interna.

Phase Plant de Kilohearts también es una joya para diseñadores sonoros: combina generadores de señales (analógico, wavetable, samples, ruido) con efectos internos y modulación libre en una arquitectura modular visual, lo que permite crear rutas de señal inusuales o altamente personalizadas.

Omnisphere de Spectrasonics es otro de los grandes referentes en diseño sonoro, aunque juega en una liga ligeramente distinta a la de los softsynths más técnicos como Serum o Vital, ya que es un **sintetizador híbrido** que combina síntesis y sampleo de forma magistral.

Desde el punto de vista del diseño sonoro, Omnisphere es una herramienta bestial por varias razones. Primero, cuenta con una **enorme librería de sonidos muestreados** de altísima calidad, que incluyen grabaciones acústicas raras, instrumentos exóticos, maquinaria, ruidos atmosféricos, loops procesados, y mucho más. A partir de estas fuentes, el motor de síntesis de Omnisphere permite aplicar filtros, envolventes, modulación por LFO, síntesis granular, síntesis de anillo y efectos avanzados, convirtiendo cualquier muestra en algo completamente nuevo.

Además, puedes **usar hasta cuatro capas por patch** (sonido), cada una con su propia cadena de síntesis y efectos, lo que permite crear texturas extremadamente complejas y dinámicas. La **modulación es muy flexible**, con un sistema visual que permite arrastrar fuentes de modulación sobre casi cualquier parámetro.

Sin embargo, su enfoque no es tan quirúrgico ni tan inmediato como el de otros sintetizadores como Serum, que están más pensados para la **creación desde cero** con osciladores y formas de onda puras. Es decir, mientras que sintetizadores como Serum están más orientados a la creación de sonidos, Omnisphere está más orientado a la manipulación creativa de material sonoro ya existente y su combinación con síntesis, por lo que es perfecto para diseñadores que buscan profundidad, riqueza tímbrica y posibilidades híbridas más que crear un sonido desde cero.

11

DISEÑANDO SONIDOS

A lo largo de los años, muchos diseñadores de sonido han explorado nuevos métodos, técnicas y filosofías para crear efectos de sonido mejores. La experimentación es la clave para convertirse en un buen diseñador de sonido. Vamos a ver cómo diseñar efectos de sonido comúnmente utilizados.

11.1. Clasificación de efectos de sonido

Los efectos de sonido son una parte integral de la narración. Van más allá de las producciones de cine, televisión y radio. Parecen dar vida a la historia. Así, el uso de efectos de sonido en el cine ayuda a darle peso a una gran roca que puede estar hecha de cartón o incluso animada. Puede dar una sensación de peligro inminente mediante el sonido de un reloj que avisa al público que el tiempo se está acabando. Los efectos de sonido le dan veracidad a una escena rodada con maquetas de naves, por ejemplo. También, un efecto de sonido puede provocar miedo, como un susurro escalofriante o el sonido de una respiración proveniente de otra habitación.

Los espectadores esperan sonidos de todo lo que ven en la pantalla. Una noche tormentosa contiene un suministro interminable de truenos. Cada vez que aparece un perro en la pantalla, se escucha un ladrido. Una espada suena como si se estuviese frotando con otro metal, aunque se esté desenvainando de una vaina de cuero. Las serpientes hacen ruido, incluso si no son serpientes de cascabel. Si prestas atención, puedes escuchar efectos de sonido que te resultarán familiares. Si no me crees, echa un vistazo por internet a un efecto sonoro conocido como el "grito Wilhem". Verás cuántas veces lo has oído...

Un efecto de sonido se puede definir como **cualquier sonido grabado o realizado en vivo con el propósito de simular un sonido de una historia o evento.** Los efectos de sonido pueden clasificarse de diversas maneras. Una forma frecuente de clasificación es esta:

- Efectos duros
- Efectos de sonido Foley (vistos en el capítulo 5)
- Efectos de fondo
- Efectos de diseño electrónico

11.1.1. Efectos duros

Los efectos de sonido duros son aquellos sonidos que tienen una calidad agresiva, fuerte, impactante o penetrante. Estos efectos suelen estar diseñados para captar la atención del oyente y provocar una reacción emocional inmediata. Se utilizan comúnmente para resaltar eventos importantes dentro de una narración, como impactos, explosiones o choques. Además, tienen un tono más cercano, concreto y presente en comparación con los sonidos más suaves o difusos, que se emplean para crear atmósferas más sutiles.

Los efectos de sonido duros suelen tener un rango de frecuencias más amplio, con picos de frecuencias bajas (para crear sensaciones de "peso" o "impacto") o altas frecuencias (para añadir agresividad o tensión). Pueden ser muy penetrantes y, a veces, causan una respuesta física en el cuerpo (como una vibración o un sobresalto). Ejemplos típicos son los sonidos de una explosión, un golpe fuerte o el disparo de un arma.

11.1.2. Efectos de fondo

Los efectos de fondo, también conocidos como sonidos ambientales o sonidos de ambiente, son sonidos que se utilizan para crear la atmósfera de una escena, dando contexto y profundidad al entorno en el que se desarrollan los eventos. Estos efectos no suelen ser el foco de la atención, sino que están diseñados para llenar el espacio sonoro de una forma sutil, proporcionando un sentido de lugar y ayudando a reforzar el tono emocional de la narrativa.

Los efectos de fondo suelen ser sonidos que se mantienen durante un periodo prolongado de tiempo, en lugar de sonidos abruptos o de impacto. Esto permite que el ambiente sonoro sea constante y estable a lo largo de una escena.

Aunque los efectos de fondo son esenciales para crear un ambiente auténtico, no deben eclipsar los diálogos o la acción principal. Su propósito es ser lo suficientemente sutiles como para no distraer, pero lo suficientemente notables como para que el espectador los perciba como parte integral de la atmósfera.

Estos efectos pueden incluir una amplia gama de sonidos, desde naturales hasta artificiales, dependiendo del tipo de ambiente que se quiera crear. Pueden variar según la ubicación (interior, exterior), el momento del día (día, noche), o las condiciones climáticas (lluvia, viento, nieve).

Ejemplos de sonidos de fondo son el viento, que puede evocar diferentes sensaciones dependiendo de su intensidad. La lluvia, que puede añadir una atmósfera melancólica, de calma o de tensión, dependiendo de la situación. Un trueno seguido de lluvia fuerte o el rugido de una tormenta en el mar puede ser usado para aumentar la tensión y crear una atmósfera de peligro. El sonido de la nieve cayendo o el crujir de la nieve bajo los pies pueden transmitir la quietud de un paisaje nevado. Pájaros, insectos... Es decir, sonidos que ayudan a ubicar la escena en un entorno natural, como un bosque, campo o playa.

También el tráfico. Los sonidos de coches, autobuses, trenes, y gente conversando en la calle pueden indicar que la escena se desarrolla en un entorno urbano o metropolitano. Sonidos de ascensores, puertas de edificios que se abren y cierran, ruido de las máquinas en fábricas o rejas de seguridad creando una atmósfera industrial. El murmullo de la gente, tazas y cubiertos chocando, camareros sirviendo pueden situar la acción en un lugar específico como un restaurante o una cafetería.

En interiores, los efectos de fondo pueden incluir sonidos como el zumbido de una nevera, el tictac de un reloj o el eco de una habitación vacía. Estos detalles aumentan la sensación de autenticidad, haciéndonos creer que estamos dentro de un espacio específico.

En escenarios como grandes salas vacías o cavernas, los sonidos de eco pueden reflejar la amplitud del espacio. A veces, en estas situaciones, el fondo puede incluir sonidos de respiración o pasos lejanos para aumentar la sensación de soledad o de aislamiento.

En películas de ciencia ficción o fantasía, los efectos de fondo pueden incluir sonidos de naves espaciales, motores de tecnología avanzada, o ambientes alienígenas que nos transportan a mundos imaginarios. Pueden incluir zumbidos electrónicos, ruidos robóticos o el sonido de aire reciclado.

Así, los efectos de fondo son fundamentales para dar contexto al lugar donde se desarrolla la acción. Ayudan a situar al espectador en una ciudad, bosque, desierto o planeta alienígena. Es decir, son esenciales para lograr una experiencia inmersiva. Cuando la audiencia percibe el sonido ambiental adecuado, se siente más conectada con el mundo en el que se desarrolla la historia.

11.1.3. Efectos de diseño electrónico

Los efectos de diseño electrónico son aquellos sonidos creados mediante técnicas electrónicas y digitales, que no provienen de grabaciones de fuentes naturales o reales, sino de sintetizadores, procesadores de audio y software especializado en diseño de sonido. Estos efectos se utilizan para crear sonidos que no se encuentran en la naturaleza o para transformar sonidos existentes en algo nuevo y único. Son esenciales en géneros como ciencia ficción, fantasía, y horror, donde se requiere un sonido futurista o extraordinario.

Ejemplos de este tipo de efectos son los sonidos sintetizados (hechos con sintetizadores), que pueden ser sonidos completamente nuevos o una transformación de sonidos existentes. Los sintetizadores permiten crear frecuencias que no existen en la naturaleza, lo que abre un abanico de posibilidades sonoras. Los diseñadores pueden manipular estas frecuencias para crear sonidos eléctricos o robotizados.

También se pueden modificar las grabaciones de voz utilizando efectos electrónicos. Esto crea sonidos de robots o vocoders, donde la voz humana se transforma en algo más mecánico o extraterrestre.

Los efectos electrónicos también se emplean para crear atmósferas intergalácticas o extraterrestres, utilizando sonidos flotantes, burbujas electrónicas, o eco espacial. Son muy usados en películas de ciencia ficción o en videojuegos que exploran espacios cósmicos o mundos virtuales.

11.2. Sonidos de ambiente

Los sonidos de ambiente son elementos fundamentales en la creación de espacios sonoros realistas y envolventes. Su propósito principal es establecer el entorno en el que se desarrolla una escena, aportando matices que ayudan al oyente a situarse, tanto geográfica como emocionalmente. Aunque suelen operar en segundo plano, tienen un impacto profundo en la percepción del espectador.

Este tipo de sonido puede transmitir información clave, como la hora del día, el clima, la localización (interior o exterior) o incluso el estado emocional de un personaje. Por ejemplo, un leve murmullo de viento y hojas secas puede evocar soledad, mientras que el bullicio lejano de una ciudad sugiere actividad y vida urbana.

Uno de los principales retos al grabar sonidos ambientales es lidiar con factores fuera de nuestro control. Ruidos inesperados, como el paso de un vehículo, voces humanas o maquinaria cercana, pueden contaminar la grabación. Por esta razón, es recomendable capturar material durante lapsos prolongados y seleccionar luego las secciones más limpias. También se aconseja utilizar un soporte para el micrófono, lo que asegura una toma más estable y evita sonidos no deseados provocados por movimientos o contacto físico.

En los casos donde no es viable grabar en el lugar, ya sea por limitaciones logísticas o técnicas, los ambientes pueden ser construidos a partir de bibliotecas de sonido o mediante la superposición de efectos individuales. Este enfoque permite crear entornos hiperrealistas o estilizados, siempre que se mantenga un criterio de coherencia acústica.

A nivel técnico, es importante mantener un nivel de grabación adecuado. Un umbral aceptable para sonidos ambientales suele estar por encima de los −40 dB. Niveles más bajos pueden hacer que la señal quede enterrada bajo el ruido de fondo. Durante la edición, se pueden aplicar herramientas como filtros de ecualización o reducción de ruido para limpiar el material grabado, pero siempre es preferible partir de una toma clara.

Finalmente, se recomienda registrar siempre en estéreo para capturar la espacialidad y dirección del entorno. Esto contribuye significativamente a la inmersión del oyente y refuerza la credibilidad del diseño sonoro.

Vamos a ver algunos ejemplos y consejos para grabar y editar ambientes:

11.2.1. Terminal de trenes

Acceder a estaciones de tren implica ciertas precauciones. Utiliza una grabadora portátil pequeña (como una Zoom H4n o Tascam DR-05) y mantente discreto. Graba desde un banco o desde las plataformas elevadas para obtener una mezcla equilibrada de ambiente, anuncios por altavoz, conversaciones y el característico zumbido de trenes acercándose. Busca momentos en que varios elementos coincidan: puertas automáticas, ruedas metálicas, y avisos de embarque.

Consejo: Evita captar conversaciones demasiado claras por temas legales. Si una voz se vuelve identificable, edítala o reemplázala.

11.2.2. Andén del metro

El metro es una mina de oro sonora: el sonido de los trenes entrando y saliendo, el chillido de los rieles, el eco de pasos apresurados, y los pitidos de cierre de puertas. Coloca el micrófono en una esquina del andén, alejado del flujo principal de personas, y graba en intervalos largos.

Consejo: Limita la grabación. Puede haber picos que saturen. Los sonidos pueden pasar rápidamente de silencio a estruendo sin previo aviso.

11.2.3. Zona rural

Campos abiertos, caminos de tierra o granjas pueden ser excelentes para capturar ambientes naturales o escenas tranquilas. Graba temprano en la mañana para captar el canto de las aves, el zumbido de insectos o el sonido del viento sobre la hierba. Evita días ventosos si no tienes un buen paravientos, ya que el viento arruinará el material.

Consejo: Aunque parezca un entorno "silencioso", presta atención al fondo. El paso de un avión o un tractor puede arruinar una buena toma.

11.2.4. Plaza pública

Una plaza puede ofrecer una rica mezcla de elementos: fuentes, pasos, voces, músicos callejeros y pájaros. Camina alrededor y escucha antes de grabar. Busca zonas donde el sonido esté bien balanceado y no predomine una sola fuente.

Consejo: Si captas música con derechos de autor en el fondo (altavoces de una tienda cercana, por ejemplo), graba otra versión limpia o reemplaza ese tramo en la edición.

11.2.5. Interior de supermercado

Los supermercados tienen un ambiente reconocible: carritos rodando, pitidos de escáneres de cajas, música ambiental y anuncios promocionales. Asegúrate de mantener la grabadora dentro de una bolsa o en un bolsillo con un micrófono de solapa (lavalier) para mantener un perfil bajo.

Consejo: Si la música ambiental contiene canciones comerciales, es mejor regrabar en un horario en que esté apagada o sustituirla por una pista libre de derechos.

11.2.6. Cafetería universitaria

Una cafetería estudiantil en hora pico puede proporcionar un fondo lleno de energía: el bullicio de charlas, pasos apresurados, bandejas chocando.... Colócate cerca del pasillo, no demasiado cerca de una sola mesa.

Consejo: Si el ambiente está demasiado cargado de sonidos, graba por capas. Captura primero la sala vacía, luego sonidos puntuales como platos o pasos, y mezcla todo en postproducción.

11.2.7. Calle peatonal

Calles transitadas por peatones ofrecen ambiente natural de ciudad sin el exceso de tráfico de vehículos. Escucharás conversaciones, músicos callejeros, tiendas abriendo, persianas metálicas y el retumbar de los pasos sobre distintas superficies.

Consejo: Trata de grabar tanto por la mañana como por la tarde. El contraste entre horarios puede darte dos versiones del mismo lugar: una más tranquila, otra más caótica.

11.2.8. Contraste cultural: Europa vs América Latina

Si estás grabando para una producción que refleja un contexto cultural específico, no te limites a estereotipos sonoros hollywoodenses. Un barrio residencial en México puede incluir perros ladrando, vendedores ambulantes con altavoces, y motocicletas pequeñas. En cambio, uno en Alemania podría sonar más limpio, con el ocasional ciclista, el canto de aves y una campana de iglesia.

Consejo: Piensa en lo que el oyente espera o reconoce como sonido de una región, pero decide si lo refuerzas o lo rompes según las necesidades narrativas.

11.2.9. Grabación de noche

El paisaje sonoro cambia completamente al anochecer. Zonas urbanas pierden actividad humana y ganan ecos, viento o sonidos mecánicos lejanos. Las áreas rurales, por el contrario, despiertan con sonidos de grillos, búhos o ranas.

Consejo: Lleva una linterna o una aplicación de linterna en el móvil. Y graba con sensibilidad moderada para evitar que los sonidos aislados distorsionen.

11.3. Sonidos de colisiones y choques físicos

Los sonidos de colisión funcionan mejor cuando tienen un gran impacto sonoro. Aunque puedes perfeccionar detalles en la fase de postproducción, nada supera a una buena sesión de grabación con objetos reales chocando entre sí en el entorno adecuado. A continuación, te comparto técnicas y consejos para capturar y diseñar sonidos de choques realistas y con fuerza cinematográfica.

11.3.1. Colisión de muebles pesados

Para representar una escena donde muebles caen o se estrellan durante un temblor, pelea o accidente doméstico, necesitas combinar elementos de madera, metal y objetos sueltos. Por ejemplo, una estantería de madera cargada de libros cayendo al suelo puede generar una mezcla rica de sonidos. Una posible grabación sería colocar una estantería real de madera, llenarla con libros, portarretratos, objetos de vidrio o cerámica y derribarla con fuerza sobre un suelo duro (cemento, madera o baldosa). Usa micrófonos estéreo para capturar la amplitud del evento y uno cercano enfocado en los objetos frágiles.

Para enfatizar la energía del impacto, graba cada parte por separado: la caída del mueble, los libros desparramándose, los objetos frágiles rompiéndose. Luego, mezcla todo en capas con el golpe del mueble como evento principal y los detalles como decoración auditiva.

11.3.2. Choque de carritos de supermercado

Este tipo de colisión funciona muy bien para ambientes urbanos o interiores de tiendas en caos. Puedes hacer esto:

- Usa dos o más carritos reales de supermercado.
- Chócalos entre sí en diferentes velocidades y ángulos.
- Graba en un estacionamiento techado o nave industrial vacía para aprovechar la reverberación natural del entorno.

– Añade capas: arrastres de ruedas, impactos metálicos, vibraciones de la estructura, objetos dentro del carrito (botellas plásticas, cajas, latas) moviéndose o cayendo.

Para dar más carácter, incluye algún detalle como una rueda floja que produce chirridos o un objeto que cae fuera del carrito tras el impacto.

11.3.3. Colisión de puertas metálicas

Las puertas metálicas viejas o industriales tienen mucho cuerpo acústico, y se prestan bien para choques de interior, como almacenes, cárceles o fábricas abandonadas. Haz esto:

– Golpea una puerta metálica robusta con un mazo de goma o una barra de madera.
– Prueba también dejarla caer parcialmente desde sus bisagras.
– Captura tanto los impactos directos como los rebotes de la hoja de metal.

Puedes aumentar el dramatismo grabando el golpe desde el otro lado de la puerta, capturando los retumbos graves a través del metal. Si buscas dramatismo, graba varios impactos en secuencia para dar la sensación de una fuerza intentando abrirla a empujones.

11.3.4. Golpes en contenedores de basura

Los contenedores de metal o plástico, cuando se caen o se golpean, producen una gran variedad de sonidos huecos, estridentes o sordos. Haz esto:

– Usa un contenedor grande y vacío.
– Golpéalo con una barra de madera o lánzalo de lado.
– También puedes empujarlo con fuerza contra una pared o dejarlo caer por una pendiente.

Agrega sonidos secundarios como tapas rodando, escombros internos moviéndose o incluso cristales dentro del contenedor.

11.3.5. Caída de estantería metálica industrial

Para representar un choque en un taller, fábrica o nave industrial, este recurso es perfecto. La caída de una estantería metálica cargada tiene una sonoridad violenta y rica. Haz esto:

- Usa estanterías viejas o livianas para mayor seguridad.
- Llénalas con herramientas, cajas metálicas o latas.
- Al hacerla caer, captura la caída principal y luego graba elementos cayendo por separado: cajas metálicas, cadenas, herramientas pequeñas.
- Usa micrófonos direccionales para capturar el primer impacto y micrófonos ambientales para la dispersión del sonido.

11.4. Sonidos de animales

Los animales son uno de los elementos más evocadores del diseño sonoro. Pueden dar vida a un entorno, anunciar peligro o simplemente servir como una capa ambiental sutil. Pero grabarlos no es tarea fácil. A diferencia de los actores humanos, los animales no siguen guiones ni repiten tomas. Esto hace que muchas veces se recurra al diseño sonoro creativo para lograr un resultado creíble, y en algunos casos, sorprendente.

11.4.1. Grabación directa: paciencia, conocimiento y discreción

La grabación en zoológicos o reservas es una buena opción, pero exige planificación. Siempre que sea posible, colabora con cuidadores o entrenadores. Ellos conocen los hábitos del animal y pueden ayudarte a provocarle vocalizaciones sin forzar la situación. La mejor hora para grabar suele ser durante la alimentación o a primera hora del día.

Utiliza micrófonos de cañón para aislar los sonidos y minimizar el ruido ambiente. Una pértiga puede ser útil, pero ten cuidado: los movimientos bruscos o acercarse demasiado pueden asustar al animal (o provocarlo). La regla de oro: acércate poco a poco, no hables, y mantente atento a la reacción del animal.

Consejo: Lleva ropa silenciosa (sin cierres ni telas que crujan) y apaga cualquier alerta del equipo que emita pitidos o clics.

11.4.2. Mamíferos grandes

Los rugidos o pisadas de animales grandes se asocian con poder y presencia. Si no puedes grabar al animal real, intenta construir el sonido:

- **Rugido**: combina una vocalización humana grave con una grabación desacelerada de un rugido felino real. Agrega capas de rugidos de perros o motores para engrosarlo.
- **Pisadas**: golpea un saco de arena contra madera o tierra húmeda. Ajusta el tono para variar entre pasos suaves o pesados.

Consejo: Mezcla varias capas con diferentes distancias para dar sensación de profundidad o cercanía según la escena.

11.4.3. Pájaros

Grabar pájaros al amanecer es una técnica clásica. Muchos cantos están agrupados en "coros matutinos", especialmente en primavera. Si quieres un solo canto (por ejemplo, un búho solitario), necesitas paciencia y conocimiento del hábitat.

Para diseñarlos, puedes usar un silbido modulado y procesarlo:
- Graba un silbido limpio.
- Añade pitch shifting (sube o baja el tono).
- Agrega reverb para simular distancia.
- Usa un delay estéreo muy sutil para dar la ilusión de que el pájaro se mueve entre árboles.

11.4.4. Felinos pequeños

Si no tienes acceso a uno, intenta recrearlo con tu voz:

- Para maullidos suaves, usa vocales "a" y "e" en un tono agudo.
- Los bufidos se pueden imitar con una exhalación seca y filtrada.
- Para ronroneos, una grabación de un motor eléctrico suave, desacelerado y con un ligero vibrato, funciona sorprendentemente bien.

Consejo: Aplica EQ para eliminar los graves indeseados y dale una pequeña compresión para estabilizar el nivel.

11.4.5. Aves acuáticas o de pantano

Estos animales tienen vocalizaciones únicas. Si no puedes grabarlas, puedes crear sonidos similares usando la boca con movimientos secos y repetitivos (por ejemplo, ruidos de "glup" o soplidos).

También puedes usar globos desinflándose lentamente para crear chillidos o dar sorbos de agua en una pajita, procesados con pitch shifting, para gorgoteos.

11.4.6. Perros y lobos

Sonidos como ladridos, aullidos o gruñidos tienen una función dramática potente. En caso de que no puedas grabar a un perro real:

- Graba un ladrido con tu voz (tono medio o bajo).
- Usa un plugin de formante para cambiar la textura.
- Añade saturación suave y reverb para darle presencia y realismo.

Para aullidos, las vocales largas como "uuuu" funcionan bien. Sube ligeramente el pitch para convertir un lobo en un perro pequeño, o bájalo para lo contrario.

11.4.7. Construcción de escenas con animales

Puedes crear una escena con múltiples animales mezclando capas grabadas o diseñadas. Por ejemplo, una granja puede componerse así:

- Gallinas: sonidos secos de clics con la lengua o grabaciones reales.
- Cerdos: sonidos vocales tipo "gruñido" mezclados con distorsión suave.
- Caballos: golpeteo de cocos sobre tierra, con delay corto para simular cascos.
- Moscas: zumbidos generados con un oscilador, modulados con un LFO.

11.4.8. Animales irreales o fantásticos

Si estás trabajando en un universo de fantasía o ciencia ficción, diseña tus propios animales:

- Mezcla sonidos de animales reales (por ejemplo, un leopardo + un ave + un cerdo) y ajusta el tono.
- Usa efectos como síntesis granular, modulación o filtros automatizados.
- Añade capas humanas con respiración, gruñidos o vocalizaciones creativas.

El objetivo no es el realismo sino la verosimilitud sonora.

11.5. Sonidos de muchedumbre

Los sonidos de multitudes son fundamentales para ambientar escenas y generar una sensación de realismo. Pueden usarse como fondo general –como el bullicio en una estación de tren repleta de viajeros– o como elementos puntuales, como una carcajada aislada en una fiesta o una ovación inesperada. Estos sonidos pueden capturarse en situaciones reales o recrearse en escenarios controlados.

11.5.1. *El* walla

El *walla* es un efecto de sonido que representa las voces confusas o indistintas de un grupo de personas conversando en segundo plano. Este murmullo no tiene un contenido verbal claro y se utiliza para dar vida a escenas sin distraer del diálogo principal. Para crearlo, los actores vocales suelen repetir palabras sin sentido o nombres de objetos –como "berenjena, coliflor, mango"– para simular una charla realista sin frases reconocibles. Aunque puede parecer ridículo al principio, esta técnica genera un efecto muy convincente. Ejemplos de estos ambientes de multitud son:

- Vestíbulo de hotel concurrido: conversaciones suaves, maletas rodando, puertas automáticas.
- Terminal de aeropuerto: avisos por altavoz, niños quejándose, gente caminando rápido.
- Cafetería universitaria: discusiones animadas, risas, sonido de bandejas y cubiertos.
- Protesta en la calle: cánticos, silbatos, pasos acelerados y gritos de consignas.
- Sala de espera en hospital: susurros, llamadas telefónicas, pasos suaves, toses ocasionales.
- Celebración en parque: niños jugando, vendedores ambulantes, aplausos, globos explotando.

11.5.2. *Grabación encubierta de multitudes*

Para capturar el ambiente natural de una multitud, la grabación debe hacerse con discreción. Cuando las personas se dan cuenta de la presencia del micrófono, tienden a exagerar su comportamiento, lo que compromete la naturalidad. Usa micrófonos discretos colocados en esquinas o sobre estanterías. También puedes usar grabadoras portátiles como una Zoom H1n o H5, ocultas en una bolsa o sujetas al cuerpo. Asegúrate de evitar sonidos no deseados como tus propios movimientos o respiración.

11.5.3. *Sesiones organizadas de grabación de multitudes*

Si decides grabar en un estudio o escenario con personas dirigidas, la planificación es clave. Puedes invitar a un grupo de actores o voluntarios, preferiblemente con experiencia teatral. Para una sesión efectiva:

- Prepara una lista de sonidos específicos que desees obtener.
- Asegúrate de grabar varias tomas por efecto.
- Posiciona el micrófono a una altura de al menos un metro por encima de la multitud.

- Haz que los participantes cambien de posición entre tomas para evitar patrones sonoros repetitivos.

Ejemplos de acciones Foley de multitudes:

- Sillas arrastrándose y crujidos de bancas
- Toses leves sincronizadas
- Ajustes de ropa (cinturones, bufandas)
- Pasos sobre grava o césped mojado
- Gente abriendo paraguas
- Movimientos de papeles o libros
- Golpes suaves en una mesa (por nerviosismo)
- Crujido de asientos de teatro cuando todos se sientan a la vez

Escenas de multitudes para grabar y archivar:

- Manifestación política pacífica
- Velatorio en una iglesia
- Inauguración de una exposición
- Boda en exterior con música de fondo
- Celebración de fin de año en una plaza
- Evacuación ordenada de un edificio
- Discusión pública en una asamblea vecinal
- Noche en un mercado popular
- Recreo en un colegio con niños jugando

11.6. Efectos de sonido Foley

Como hemos visto antes, el Foley consiste en reproducir sonidos en sincronía con una imagen para reforzar la credibilidad de lo que vemos en pantalla. Aunque muchos efectos de Foley pueden encontrarse en bibliotecas de sonido, los diseñadores de sonido con tiempo y recursos suelen optar por grabarlos manualmente para lograr una mayor autenticidad.

En la actualidad, la distinción entre Foley y efectos generales es difusa. Cualquier sonido generado con objetos reales para simular acciones humanas o del entorno puede considerarse Foley, ya sea grabado en directo con la imagen o previamente, para ser sincronizado después. Vamos a ver algunos ejemplos:

- **Movimiento de ropa**: El sonido de prendas rozando el cuerpo se puede grabar frotando diferentes telas sobre un torso de maniquí o sobre el propio cuerpo. El algodón, el cuero y el nylon producen resultados variados.

Asegúrate de capturar el sonido con micrófonos de condensador de diafragma pequeño para mayor detalle.

- **Sacar un cuchillo de una funda**: Para un sonido limpio de desenvainar, frota una espátula metálica contra un tubo de PVC forrado con fieltro o cartón rígido. Añadir una ligera reverberación le da un toque cinematográfico.
- **Mochilas y bolsas**: Llena una mochila con objetos de diferentes pesos y graba el sonido mientras la abres, la cierras, o la lanzas al suelo. Usa un micrófono cercano para captar los detalles de cremalleras, hebillas y correas.
- **Arrastrar cuerpos**: Una alfombra vieja y un saco de dormir con algo de peso (arena, mantas, ropa) pueden servir para simular el arrastre de un cuerpo. Arrástralo sobre distintas superficies como madera, concreto o césped artificial para obtener variaciones.
- **Gotas y salpicaduras pequeñas**: Para simular gotas de sangre o líquidos, deja caer agua lentamente desde una jeringa sobre diferentes superficies: toallas, papel, madera. Usa micrófonos de contacto para capturar el impacto con detalle.
- **Manipulación de objetos metálicos**: Llaves, herramientas y cadenas pueden golpearse suavemente en diferentes configuraciones para simular una variedad de efectos: armería, cerraduras, cofres, etc. Una caja de herramientas es una excelente fuente para estos sonidos.
- **Respiraciones y jadeos**: Una buena respiración puede intensificar una escena de tensión. Graba a alguien respirando con esfuerzo a diferentes distancias del micrófono y prueba usando máscaras o vasos para modular el sonido.
- **Fricción y resistencia**: Para efectos de manos rozando superficies rugosas, frota guantes de trabajo contra ladrillo, hormigón o estuco. Este sonido puede utilizarse para escalar paredes, arrastrarse o sujetarse a algo con fuerza.
- **Cadenas oxidadas**: Haz sonar cadenas pesadas, oxidándolas ligeramente si es necesario para obtener chirridos realistas. Suspéndelas y hazlas colisionar entre sí o contra ganchos metálicos. Excelente para efectos de calabozos, puertas antiguas o maquinaria.
- **Zapatos arrastrando**: Para una caminata cansada o resignada, graba pasos con la punta de los zapatos apenas levantándose. Este sonido transmite agotamiento, miedo o resignación, dependiendo del ritmo y la textura del suelo.

Sonidos Foley típicos en una cocina que deberías tener en tu base de datos:

- Cortes con cuchillo sobre madera, plástico o cerámica.
- Hervor del agua o fritura en aceite caliente.

- Golpes de ollas, sartenes y tapas.
- Apertura y cierre de refrigerador o microondas.
- Sonido de la batidora, licuadora o exprimidor.
- Derrame de líquidos o batidos.
- Chasquido del gas encendiéndose.
- Chocar de platos al ser lavados o apilados.

Técnicas sugeridas:

- Usa diferentes tipos de tablas de cortar para variar la textura de los cortes.
- Para simular ebullición sin calor, puedes usar un sifón de soda cerca del micrófono.
- El contacto de metal con cerámica (cucharas en tazas) da un timbre agudo y reconocible.

Sonidos Foley típicos en un hospital que deberías tener en tu base de datos:

- Zumbido de monitores cardíacos.
- *Beeps* de máquinas de signos vitales.
- Camilla rodando por el suelo.
- Ajustes y movimientos de sillas de ruedas.
- Paso de gasas, guantes de látex estirándose o estallando.
- Tijeras quirúrgicas, bandejas metálicas.
- Respirador o ventilador.
- Portazo de puertas automáticas.

Técnicas sugeridas:

- Usa cinta adhesiva para simular el sonido del velcro de los monitores.
- Soplar aire a través de un tubo angosto simula respiración asistida.
- Gira una rueda de bici sobre una superficie lisa para emular el movimiento de una camilla.

Sonidos Foley típicos de una oficina que deberías tener en tu base de datos:

- Teclado mecánico o de membrana.
- Clic del mouse y desplazamiento del ratón.
- Impresoras o escáneres funcionando.
- Golpeteo de bolígrafos sobre el escritorio.
- Grapadoras, perforadoras, tijeras.
- Ventanas deslizantes, persianas bajando.

- Sillas con ruedas deslizándose.
- Papeles siendo arrugados o archivados.

Técnicas sugeridas:

- Prueba distintos tipos de papel para sonidos variados al arrugar o pasar hojas.
- Para clics suaves, puedes usar botones de mandos a distancia.
- Usa un ventilador de escritorio cerca del micrófono para simular aire acondicionado.

Sonidos Foley típicos de ambientes urbanos que deberías tener en tu base de datos:

- Autos pasando a distintas velocidades.
- Timbre de bicicletas.
- Zapatos sobre asfalto, adoquines o metal.
- Vendedores callejeros, multitudes hablando.
- Puertas de coches cerrándose o alarmas.
- Cruces peatonales con pitidos.
- Aviones o helicópteros a lo lejos.
- Ruidos de construcción: taladros, martillazos, grúas.

Técnicas sugeridas:

- Para tráfico distante, puedes grabar desde una azotea con un micrófono estéreo.
- Usa una cadena arrastrada para simular el sonido de una persiana metálica bajando.
- El sonido de taladro puede simularse con un cepillo eléctrico sin broca tocando superficies duras.

11.7. Efectos de sonido para terror: creatividad macabra en acción

Desde lo siniestro y lo paranormal hasta lo visceral y grotesco, los sonidos de terror exigen una mezcla de ingenio y recursos poco convencionales. Objetos cotidianos (especialmente frutas y verduras) se transforman en crujidos de huesos, cuerpos siendo destripados o criaturas de pesadilla, todo gracias a una buena interpretación y una edición espeluznante. A continuación, encontrarás técnicas y trucos renovados para crear tu propia biblioteca de sonidos aterradores:

11.7.1. Sangre goteando

El sonido de un líquido viscoso como la sangre no debe parecerse al de una gota de agua clara. Para lograr ese espesor:

- Agrega gelatina sin sabor al agua para un efecto más denso al caer.
- Exprime una granada o un melocotón bien maduro sobre una bandeja de cerámica: obtendrás un "plop" suculento y turbio.
- Usa un jarabe espeso goteando sobre papel encerado o piel sintética para simular chorros o salpicaduras lentas.

11.7.2. Desgarro de carne

Los sonidos de carne arrancada o piel desgarrada pueden provenir de elementos simples:
- Rompe una calabaza cocida al medio para un sonido jugoso de cuerpo abierto.
- Tira lentamente de una bolsa plástica rellena de crema batida: crea un sonido húmedo y perturbador.
- Rasga un guante de látex lleno de gel de ducha viscoso para simular piel abriéndose.

11.7.3. Apuñalamiento

Un buen ataque con cuchillo necesita cuerpo, textura y profundidad:

- Clava una espátula en un aguacate maduro para una sensación blanda y húmeda.
- Golpea un saco de arroz cocido desde arriba para imitar tejido penetrado con resistencia.
- Rompe una pera jugosa dentro de un paño de cuero para acentuar el impacto de piel atravesada.

11.7.4. Voces y criaturas fantásticas

Los monstruos más creíbles nacen de combinaciones inusuales:

- Imita gruñidos y rugidos tú mismo y luego modifica el tono con un pitch shifter.
- Haz gárgaras con leche caliente y gruñe al mismo tiempo para voces guturales imposibles.

- Usa una bolsa de papel inflada y golpéala mientras gruñes en una caja de cartón vacía para crear reverberación agresiva.
- Procesa un rugido humano con el sonido de una licuadora rota o un dron eléctrico distorsionado para mutar lo orgánico.

11.7.5. Efectos gore

Las frutas y vegetales son una fuente infinita de sonidos viscerales. Puedes simular:

- Roturas con barras de apio congeladas, que suenan más agudas y desgarradoras o palitos de helado partidos dentro de una toalla para fracturas pequeñas o dedos rotos.
- Crujidos al cortar coles de Bruselas para un crujido corto, húmedo o masticar en primer plano zanahorias baby en seco para efectos de mandíbula que se parte.
- Impactos y golpes jugosos con trozos de papaya cayendo en una pila de periódicos mojados o chocar una bolsa de uvas contra una tabla de madera para sonidos húmedos con impacto.
- Texturas viscosas con higos o ciruelas pasas triturados para un ambiente más repulsivo o rodajas de kiwi sobre velcro, para una textura chiclosa.

11.8. Diseño de sonido para dibujos animados (cartoon)

El universo sonoro de los dibujos animados es tan exagerado como visualmente lo son sus personajes. Nada es literal. Todo puede sonar más divertido, más torpe o más dramático de lo que sería en la vida real. Desde una simple caída hasta una persecución ridícula, el sonido es un cómplice inseparable del humor visual. Para el diseñador sonoro, esto abre una puerta infinita a la creatividad.

11.8.1. Principios del sonido cartoon

1. **Exageración por encima del realismo**: Una silla puede chirriar como un trombón, y un golpe en la cabeza puede sonar como una campana o un timbal. La lógica queda en segundo plano.
2. **Ritmo y timing lo son todo**: Los sonidos deben seguir la animación al milisegundo. Un pequeño desfase puede arruinar el gag. El timing lo convierte en chiste... o en ruido.

3. **Comedia musicalizada**: Muchos efectos se construyen como si fueran parte de una partitura. Esto no es coincidencia: en los comienzos de la animación, las escenas se componían primero en partituras y luego se animaban.

11.8.2. Efectos musicales: instrumentos con personalidad

Los instrumentos musicales dan voz a las emociones y acciones de los personajes. No se trata de tocar bien, sino de actuar con el instrumento. Por ejemplo, algunas acciones que puedes representar con instrumentos:

- Resbalones y caídas: glissandos descendentes con arpa o trombón.
- Saltos: notas agudas en xilófono o cuerdas punteadas.
- Pensamientos o revelaciones: arpegios ascendentes con piano.
- Sorpresas o gritos: notas abruptas con bocinas o cuernos.

Emociones comunes en estilo cartoon:

- Alegría (xilófono brillante, campanas agudas)
- Enfado (tuba, trombón grave, platillos estridentes)
- Desorientación (clarinete desafinado, glissando descendente)
- Suspense (contrabajo o cello tocado con arco lento)

En el universo cartoon, cada golpe tiene voz propia. Un personaje que se cae por las escaleras no necesita gritos: necesita una sinfonía de latas, tambores y platillos. Por ejemplo, efectos comunes con percusión:

- Bloop: golpe con la palma en una botella o tubo.
- Boing: cuerda de contrabajo tocada con fuerza o muelle de puerta.
- Crash: tapa de cubo de basura, plato metálico o caja rota.
- Bip-Bop-Bang: secuencia rápida con bloque de madera, pandereta y triángulo.

Consejo: El xilófono es la estrella del show cartoon. Graba una serie de notas y crea tus propios glissandos, acentos y frases cómicas.

11.8.3. Voces cartoon: humanos haciendo locuras

Las voces en los dibujos animados no siguen reglas naturales. Puedes diseñarlas tú mismo o con actores que dominen el arte de la exageración. Por ejemplo, tipos de vocalizaciones que puedes grabar:

- Risas ridículas: de ardilla, de villano, de bebé.
- Gritos deformes: rápidos, largos, interrumpidos.
- Quejidos y chillidos: después de una caída o golpe.

Técnicas para lograr voces cómicas:

- Graba en capas: una risa nasal, otra grave y una con eco.
- Usa distorsión leve para "timbres animales".
- Juega con el pitch: un mismo grito puede sonar como tres personajes distintos.
- Coloca la voz dentro de una taza o cubeta para simular resonancia corporal.

Consejo: Evita imitar voces famosas con derechos de autor. En su lugar, crea tus propios personajes con voces únicas.

11.8.4. Diseño sonoro no musical: objetos comunes, sonidos geniales

En los cartoons todo puede ser instrumento. Tu cocina, baño o taller están llenos de materiales para efectos caseros. Por ejemplo, algunos ejemplos creativos:

- Glug-glug de bebida: agita gel dentro de un tupper.
- Pasos torpes: zapatos de payaso sobre papel arrugado.
- Explosión de polvo: soplido fuerte dentro de una bolsa de harina.
- Goma elástica gigante: cuerda de bajo estirada y golpeada.

Combina y manipula digitalmente: Un solo golpe puede convertirse en diez efectos distintos cambiando el tempo, tono y reverb.

11.8.5. Consejo final: piensa como animador

Cuando diseñes sonidos cartoon, no pienses como un ingeniero de sonido. Piensa como un animador:

- ¿Qué siente el personaje?
- ¿Cómo de absurda es la situación?
- ¿Cómo puedes contar el chiste con sonido antes que con imagen?

Un sonido bien colocado puede ser el remate de una broma visual... o el inicio de una nueva carcajada.

11.9. Sonidos de explosiones

Una explosión en terreno despejado suele tener un ataque potente, un cuerpo de baja frecuencia, y un leve eco natural si hay superficies alrededor. Puedes lograrlo grabando una escopeta o un petardo potente en un campo abierto, idealmente usando un micrófono estéreo y uno de cañón. Para enriquecerla, superpón sonidos de impactos metálicos, tierra desplazada, y una capa de reverberación ajustada al entorno.

11.9.1. Explosión urbana (calle, edificio)

Las explosiones en zonas urbanas suelen tener un retorno inmediato de ecos por los rebotes en edificios. Añade elementos como cristales rotos, trozos de cemento cayendo, y alarmas de coche activándose como capas adicionales. Graba impactos contra muros de ladrillo y sonidos de basura metálica cayendo en un contenedor como escombros. Usa reverberaciones de tipo "room" o "hall" para simular interiores o callejones.

11.9.2. Explosión de coche

Aquí se combinan varias capas:

- Explosión base: puede ser un mortero de fuegos artificiales o un disparo distorsionado.
- Escombros metálicos: partes de carrocería, puertas, capós cayendo. Puedes grabarlos golpeando piezas de chatarra o placas metálicas.
- Vidrio: simula las ventanas explotando con botellas rotas o vidrio triturado.
- Fuego: añade un loop de llama persistente si el coche queda incendiado.

11.9.3. Explosión controlada (demolición)

Este tipo de explosión tiene un ataque seco y preciso, con una caída muy rápida. Reproduce esto con fuegos artificiales o disparos sin cola de reverberación, luego añade múltiples impactos de cemento y polvo cayendo. Si tienes acceso a un estudio de Foley, deja caer ladrillos o bloques sobre una tarima hueca para capturar la energía y el peso.

11.9.4. Explosión en túnel o pasillo

Los espacios cerrados realzan el eco y la presión sonora. Para simular esto, usa una explosión base y añade rebotes metálicos, reverberación densa y un efecto de subgraves para transmitir presión sonora. También puedes grabar un golpe fuerte dentro de un garaje o túnel real para obtener referencias acústicas.

11.9.5. Explosión mágica o de energía

Para ambientes de ciencia ficción o fantasía, mezcla sonidos de sintetizadores (como osciladores de baja frecuencia, ruidos blancos filtrados), una explosión convencional y efectos especiales como chispas eléctricas. Los efectos de pitch shifting y reversa también ayudan a crear una sensación "irreal" o sobrenatural.

11.9.6. Explosión aérea

Una explosión en el aire, como la de un misil o una bomba antes de tocar tierra, suele sonar con un inicio agudo, sin demasiado cuerpo grave. Usa sonidos como petardos pequeños o fuegos artificiales grabados desde lejos. Agrega capas de silbidos o silbidos descendentes antes del impacto para representar la trayectoria aérea.

11.9.7. Explosión de tanque de gas o combustible

Estas suelen ser ricas en graves, con un sonido que se "abre" como una bolsa de aire colapsando. Puedes añadir una capa de fuego rugiente, como una antorcha o una grabación de una hoguera tratada con ecualización.

11.10. Efectos de sonido de fuego

El fuego puede tener muchos matices sonoros: desde pequeños chasquidos hasta rugidos envolventes. Estos sonidos cambian según el tipo de combustión, el entorno y los materiales quemados. Además de los clásicos troncos o cartón, estos materiales pueden ayudarte a crear efectos únicos:

- **Cáscaras secas de nueces o almendras**: al romperse, producen crujidos parecidos a los de ramas ardiendo.
- **Papel de lija**: al frotarlo o arrugarlo, simula crepitaciones finas, como brasas vivas.
- **Virutas de madera o serrín seco**: al encenderse, generan un estallido corto y agudo, ideal para fogatas vivas.

- **Papel celofán arrugado lentamente**: crea un sonido continuo que recuerda al chisporroteo de un fuego tenue.
- **Plásticos finos (como bolsas de supermercado)**: con mucho cuidado, al derretirse producen un chasquido ácido que puede usarse para fuegos químicos o sobrenaturales.
- **Cintas magnéticas viejas (casetes o VHS)**: al quemarse producen un siseo electrificado, útil para efectos de fuego futuristas.

Técnicas para grabar sonidos de fuego:

- **Horno de cocina**: abre la puerta del horno encendido con el gas al mínimo. El ruido de la combustión es constante y muy limpio. Excelente para una fuente de fuego pasivo.
- **Cacerolas calientes con aceite**: al agregar agua en pequeñas cantidades se generan chasquidos secos. Perfecto para fuegos de cocina o explosiones por grasa.
- **Quemadores de laboratorio o mecheros Bunsen**: tienen un silbido suave y continuo, ideal para fuegos controlados o científicos.
- **Sopletes de gas o propano**: rugen con mucha energía, y puedes moverlos cerca del micro para captar cambios de volumen y tono.
- **Papel de aluminio arrugado**: al apretarlo repetidamente con las manos simula un fuego muy fino y detallado. Ideal para brasas.

Consejos de microfonía:

- Para capturar el rugido del fuego, usa un micrófono dinámico o de cañón corto, colocado a baja altura y lateral al foco de calor.
- Si buscas un ambiente envolvente, graba con un par estéreo a una distancia media, en un entorno reverberante como un garaje o sótano.
- Usa pantallas anticalor o soportes largos si trabajas con fuego real. Nunca pongas el micrófono directamente encima de las llamas.
- Puedes usar micros de contacto en sartenes calientes o metal expandiéndose para captar chasquidos internos.

11.10.1. Fuego en brasero o fogón

Graba trozos de carbón vegetal encendidos y sopla sobre ellos suavemente para reactivar los chasquidos. Luego frota leña seca con ramas finas y combina ambas grabaciones en capas.

11.10.2. Fuego mágico o sobrenatural

Usa ruido blanco modulado, capas de sintetizadores con LFOs lentos, y reverberaciones brillantes. Luego agrega crujidos para dar una sensación de fuego irreal o encantado.

11.10.3. Fuego en el bosque

Graba hojas secas ardiendo en pequeños montones. Mezcla sonidos de ramas rompiéndose y pájaros huyendo para ambientar. Un ventilador dirigido al fuego ayuda a simular un viento que aviva las llamas.

11.10.4. Incendio industrial

Mezcla sopletes rugientes, alarmas distantes, goteras, y chispazos eléctricos. Puedes incluir sonidos de tuberías metálicas vibrando, puertas de acero cerrándose, o vidrios templados crujiendo.

11.10.5. Fuego de antorcha en movimiento

Mueve una antorcha improvisada (como un trapo con alcohol en un palo) frente al micrófono con diferentes velocidades. Graba el sonido de la tela siendo encendida y apagada, así como el chisporroteo al balancearla. Para mejorar la sensación de movimiento, graba el fuego soplando hacia un lado y aplica un efecto Doppler en la edición.

ANÁLISIS DEL DISEÑO SONORO DE ESCENAS DE PELÍCULAS Y VIDEOJUEGOS

Analizar el diseño sonoro de películas y videojuegos implica prestar atención detallada a cómo los sonidos refuerzan la narrativa, las emociones y la atmósfera. El primer paso consiste en realizar una escucha activa, preferiblemente con auriculares o altavoces de buena calidad, observando una escena sin distracciones y enfocándose únicamente en el sonido. En esta primera pasada, es útil anotar las impresiones generales: qué emociones transmite el sonido, cómo evoluciona durante la escena, y qué sensaciones genera incluso sin mirar la imagen.

Luego, se puede proceder a identificar las distintas capas que componen el diseño sonoro. Esto incluye el diálogo, que debe analizarse por su claridad, naturalidad y posible tratamiento con efectos como reverberación o ecualización; el Foley (pasos, roces o manipulaciones de objetos), cuya sincronización con la imagen es fundamental; el ambiente, que abarca los sonidos de fondo como viento, tráfico o ruidos de la naturaleza, que ayudan a situar al espectador en el entorno; los efectos sonoros, que suelen incluir sonidos de acción, tecnología, armas, magia o movimientos especiales; la música, que puede acompañar, contrastar o intensificar la emoción de la escena; y finalmente el silencio, que también forma parte del diseño sonoro y se utiliza estratégicamente para generar tensión o dar énfasis a momentos clave.

Es importante también observar cómo se relaciona el sonido con la imagen. Se debe evaluar si el sonido está perfectamente sincronizado con las acciones en pantalla, si anticipa los eventos visuales o si reacciona a ellos. El uso de sonidos fuera de campo (fuera de la imagen) también es relevante, ya que puede expandir la percepción del espacio y aumentar la inmersión.

Otro aspecto importante es la función narrativa y emocional del sonido. Es necesario identificar si el diseño sonoro guía la atención del espectador o jugador, si manipula el ritmo o la percepción del tiempo, y si construye un universo sonoro coherente y distintivo. Un buen diseño sonoro no sólo acompaña la imagen, sino que puede contar una historia por sí solo.

En el caso de los videojuegos, además, se debe analizar la interactividad del sonido. Esto implica observar si los sonidos responden dinámicamente a las acciones del jugador, como cambios en el entorno, el estado de salud del personaje o la proximidad de enemigos. También se debe considerar el diseño sonoro de la interfaz, como menús, indicadores o notificaciones, los cuales deben ofrecer retroalimentación clara y funcional.

Si se tiene conocimiento técnico, es válido profundizar en los recursos usados, como la síntesis de sonido, la edición con efectos digitales, el uso de espacialización o los plugin empleados en la mezcla. Esto puede revelar cómo se logra determinado impacto sonoro y cuáles fueron las intenciones del diseñador.

Finalmente, es útil documentar el análisis organizando la información por escena o nivel, describiendo los elementos más destacados y aportando una opinión crítica sobre su efectividad. Esta práctica es muy valiosa tanto para estudiantes como para profesionales del diseño sonoro, ya que permite desarrollar el oído crítico y aprender de obras reconocidas. Un ejemplo notable es el videojuego *The Last of Us Part II*, donde el ambiente sonoro reproduce con realismo entornos naturales y urbanos destruidos, el Foley es extremadamente detallado, el silencio se usa para generar tensión en escenas de sigilo, y el sonido responde de forma adaptativa al modo de juego, creando una experiencia sonora profundamente inmersiva.

12.1. Ejemplos de escenas emblemáticas

Vamos a analizar distintos diseños de sonido profesional, centrados en escenas emblemáticas de películas y videojuegos, explicando qué hicieron los diseñadores desde un punto de vista técnico para lograr un resultado impactante:

En *Salvar al Soldado Ryan* (1998), durante la famosa escena del desembarco en Normandía, el diseñador de sonido Gary Rydstrom aplicó técnicas como la perspectiva subjetiva del sonido. Usó filtros de ecualización y compresión para simular la pérdida auditiva temporal del protagonista tras una explosión cercana. Muchas explosiones y disparos fueron grabados en exteriores con armas reales, y las explosiones se construyeron a partir de múltiples capas, como fuegos artificiales, bombonas de gas y cristales rotos. La mezcla transita constantemente entre la percepción subjetiva del personaje y el sonido ambiente, generando una experiencia auditiva intensa y emocionalmente inmersiva.

En *Gravity* (2013), Glenn Freemantle tuvo que afrontar el reto de representar el sonido en el vacío. Para ello grabó vibraciones con micrófonos de contacto sobre estructuras metálicas, simulando lo que los astronautas "sentirían" dentro del traje. El uso de un sistema Dolby Atmos permitió que los sonidos se movieran a lo largo del espacio envolvente, acompañando la desorientación de los personajes. Además, el diseño sonoro se fusiona con la música de forma sutil, y los momentos de silencio absoluto se usan con gran fuerza dramática.

En *Dunkerque* (2017), Richard King aplicó el efecto Shepard-Risset, una ilusión auditiva que genera una sensación de ascenso o descenso sonoro continuo, para intensificar la tensión narrativa. Los sonidos de aviones antiguos, motores y entornos costeros fueron grabados en locación (se capturó el sonido directamente en el lugar real donde ocurrió la acción), manteniendo el realismo histórico. La mezcla trabajó con un control muy preciso del rango dinámico, y los sonidos mecánicos como los relojes y motores se usaron como marcadores rítmicos de la tensión narrativa.

Como decía antes, en el videojuego *The Last of Us Part II* (2020), el equipo de sonido de Naughty Dog, encabezado por Erick Ocampo, diseñó un sistema adaptativo donde los sonidos varían según el estado de salud, el peligro o la emoción del personaje. Usando herramientas como Wwise (middleware), se programaron variaciones de sonido en tiempo real. La ambientación se construyó con capas grabadas de entornos reales, como bosques y edificios, y el trabajo de Foley fue extremadamente detallado, abarcando cada paso, roce y respiración para reforzar la inmersión emocional.

En *Hellblade: Senua's Sacrifice* (2017), el diseñador David García Díaz utilizó grabación binaural con una cabeza artificial para capturar voces desde diferentes ángulos. Esto permite que, al usar auriculares, el jugador perciba voces que parecen venir desde dentro de la cabeza. Se aplicaron efectos de paneo, retardo y modulación impredecibles que generan una sensación de inestabilidad auditiva. Estas voces, que representan los trastornos mentales de la protagonista, forman parte activa del juego, influyendo en decisiones y comportamientos.

En *Battlefield V* (2018), el equipo de DICE liderado por Andreas Almström utilizó tecnologías avanzadas de simulación acústica para reproducir cómo los sonidos se propagan en entornos tridimensionales, rebotan en superficies y se filtran por obstáculos. Se aplicaron algoritmos de atenuación, filtrado y retardo según la distancia y la oclusión entre fuentes sonoras y el jugador. Además, los sonidos se ajustan dinámicamente en función de la posición y acciones del jugador, como correr, agacharse o esconderse, mejorando la percepción espacial y la inmersión.

En *Blade Runner 2049* (2017), Mark Mangini y Theo Green diseñaron un paisaje sonoro denso y atmosférico que fusiona elementos electrónicos y orgánicos para reflejar el mundo futurista y decadente de la película. Utilizaron sintetizadores analógicos junto con grabaciones de campo procesadas para generar un entorno sonoro abstracto, pero emocionalmente cargado. Cada espacio tiene su propia identidad acústica: por ejemplo, el cuartel de Wallace tiene una reverberación amplia y artificial creada con impulsos de respuesta de espacios reales modificados digitalmente, mientras que las calles están llenas de texturas que provienen de grabaciones manipuladas de máquinas, ventiladores y animales.

En *Arrival* (2016), el diseñador Sylvain Bellemare creó el lenguaje sonoro de los alienígenas Heptápodos a partir de grabaciones de vocalizaciones animales (como ballenas o gatos) procesadas con distorsión granular, pitch shifting y reverb no lineal. Además, la mezcla enfatiza el silencio y la contención como herramientas narrativas, haciendo que cada aparición sonora tenga peso y significado. La reverberación extrema dentro de la nave alienígena se diseñó artificialmente con procesos de convolución para inducir una sensación de vastedad y misterio.

En *Mad Max: Fury Road* (2015), el equipo de sonido liderado por Mark Mangini mezcló grabaciones reales de motores de autos, motocicletas y explosiones con elementos estilizados para mantener una intensidad constante. A diferencia de otras pelis de acción, aquí se usó el ritmo del montaje como guía para modular el diseño de sonido: los motores fueron afinados para funcionar como instrumentos percusivos que empujan la narrativa. Además, se utilizó la técnica de automatización dinámica para alterar la posición del sonido en el espacio a lo largo del movimiento de cámara, generando un efecto de vértigo constante.

En el videojuego *Red Dead Redemption 2* (2018), el equipo de Rockstar North implementó un sistema dinámico de paisajes sonoros donde los elementos se activan según la hora del día, el clima y la ubicación geográfica del jugador. Por ejemplo, en los pantanos, se escuchan insectos, ranas y hojas húmedas, mientras que en la montaña se oyen vientos helados y crujidos de nieve. Las armas fueron grabadas en distintos entornos (desiertos, valles, cañones) para que suenen de forma distinta según la acústica del lugar.

En *Interstellar* (2014), Richard King y Christopher Nolan trabajaron con Hans Zimmer para integrar la música y el diseño sonoro como un solo cuerpo narrativo. Se rompieron convenciones como la mezcla tradicional entre diálogo, música y efectos: por ejemplo, en las secuencias espaciales, el diseño sonoro asume un papel musical y los ruidos del interior de las naves se convierten en texturas abstractas que dialogan con los órganos y sintetizadores de la banda sonora. Además, el silencio absoluto del vacío se respeta con fidelidad científica, lo que crea contrastes intensos y dramáticos.

En *Uncharted 4: A Thief's End* (2016), el equipo de Naughty Dog diseñó un sistema de sonido reactivo donde los efectos se adaptan al entorno. Por ejemplo, una pistola suena diferente en un espacio cerrado que, al aire libre, gracias a la implementación de reverb convolutiva en tiempo real. También se aplicó un sistema de Foley detallado para las animaciones de escalar, caer, nadar o rodar, que varía según el tipo de superficie. Los diálogos se adaptan dinámicamente dependiendo de la distancia entre los personajes, y la mezcla prioriza siempre la inteligibilidad del jugador.

Bibliografía

Alten Stanley, El manual del audio en los medios de comunicación, Escuela de cine y vídeo, Andoain. Andoain, 1994 (4ª edición).

Viers, Ric. The sound effects bible. Michael Wiese Productions, Los Ángeles, 2008.

Chion Michel, La audiovisión, Editorial Paidós, Barcelona, 1994.

Martín Serrano, M. Teoría de la comunicación, Universal Internacional Menéndez Pelayo, Madrid, 2007.

Recuero López, Manuel, Acústica arquitectónica, Editorial Paraninfo, Madrid, 1999.

Rumsey Francis, Sonido y Grabación, Editorial Omega, Barcelona, 2008 (5ª edición).

Alten Stanley, Sonido en los medios audiovisuales, Escuela de cine y vídeo, Andoain. Andoain, 2008 (2ª edición).

Cuenca, Ignasi, Tecnología Básica del sonido I, Editorial Paraninfo, Madrid, 2000 (2ª edición).

Cuenca, Ignasi, Tecnología Básica del sonido II, Editorial Paraninfo, Madrid, 2006.

Pastor López, J. Equipos de sonido, McGraw Hill, Madrid, 2015.